動物の健康回復のための
ジェモセラピー

著者
スティーブン・R・ブレイク, DVM, CVA,CVH
共著
パム・フェッツ, CCH,RSHom（NA）

日本語版監修
鷲巣 誠

翻訳
長田 奈緒

日本語版発刊にあたって

　スティーブン・ブレイクのジェモセラピーと出会ったのは、2003年イホア・ジョン・バスコがハワイカウアイ島で開催したセミナーに参加した時である。

　スティーブンは、イホアのセミナーへの参加は予定してはいなかったが、サンディエゴの山火事で家が被災して、唯一無事だったコンピューター片手に、我が家から焼き出されてしまい、それを知ったイホアが、スティーブンをハワイに招待した。たいへんな時期ではあったが、家が焼失した状態はどこにいても変わりがないし、気分転換になるだろうと参加を決意した。このセミナーは、当時の獣医東洋医学研究会が企画したもので、参加者は総勢20名ぐらいだったと記憶している。

　スティーブンは薬物にアレルギーがあり、通常の獣医診療ができず獣医師をやめるかどうするかと悩んでいる時に、ホメオパシーに出会い動物に応用してきた。そして、彼はレイキマスターであり、ネイティブインデアンのシャーマンワークも実践する獣医師であり、American Holistic Veterinary Medical Associationの長老として会員のスピリチュアルな成長を助けてきた。スティーブンとイホアは同協会の長老繋がりでもあるのでセミナーへの飛び入り参加が実現したのだ。

　現在もジェモセラピーを知る人はあまり多くないが、私がスティーブンのジェモセラピーに出会った当時は、全く日本に紹介されていなかった。

　ジェモは新芽が大きくなるときだけ存在する成分を抽出したもので、漢方薬とホメオパシーの中間に存在するような位置づけである。セミナーでは、様々な種類のジェモセラピーの効果を、具体的な体験と共に話してくれたことで、当時の参加者はとても興味をもち、実際に自分の患者に使用したいと強く思っていた。

最初に動物用で日本の発売に至った経緯としては、何か良い商品はないかと探していた津田二郎さんがひょっこり、獣医師である私のオフィスを訪ねてきてくれたことがきっかけとなった。そして2005年頃から、スティーブンから日本へ、限られた種類のジェモを輸入し、獣医業界で販売して獣医師に広めていった。

　獣医師の中でジェモセラピーに強く惹かれたのは、アフリカのキリンなどを治療していたアニマルフレンドの赤坂直比古院長（通称キリン先生）で、ジェモセラピーをご自身の病院での治療に取り入れたり、イルカにも応用したりと、現在もずっと使用し続けている。やはり、大自然のエネルギーと動物の感性がわかる先生が、ジェモの持つエネルギーで、動物のエネルギーを調整できるということは、ほんとうに素晴らしいことだと実感している。

　ジェモセラピーの効能書きあるいはエナジーチェックで適切なジェモを選ぶことも可能であるが、本書には、現在日本で入手できるジェモセラピーの全てが記されているので、動物の症状に合わせたジェモセラピーが容易に選べ、適切な使用ができる。

　本書は、動物用に書かれているが、人間の私もこのプロトコールに沿って自己治療をしている。ジェモの使用量は体の大きさをあまり意識する必要はない。馬も人間も同じ推奨量で問題はない。この素晴らしい療法を、本書を手にとっているあなたにも、是非試していただきたい。

　2012年にスティーブンが来日した際、ジェモセラピーのセミナーを開くことになり、そのセミナーに向け、当時私が勤務していた岐阜大学の学生だった長田奈緒さんに本書の翻訳を依頼し、ジェモセラピーの教科書ともいえる本書が出版された。本書によって、ジェモセラピーがヒトや動物のエネルギーメディシンの一翼をになう治療ツールとしての地位が確立されることを深く望んでいる。

2019年4月　Written in the air plane on the way back from Oregon to Japan

鷲巣　誠

免責事項

お断り

著者および出版社は、この本の使用によってもたらす症状や結果に関して、保障と責任は一切負いません。

ペットはそれぞれ違った体質や特別な健康状態を持っています。この本で提案していることを実行する前に、信頼できる獣医師に相談されることをおすすめいたします。

信頼できる獣医師が近くにいなければ、あたなのペットの状態を十分に把握した上で、少しずつ試しながら実行するようにしてください。

copyright ©2011 by Stephen R. Blake, DVM, CVA, CVH

無断複写・複製・転載を禁ず。この書籍のすべての部分において、著作論文やレビューにおける短い引用を除くいかなる形態や方法（電子や写真あるいはその他の機械）による複写や記録、送信、あるいはいかなる情報の保存や著者の許可のない情報検索方式による複製や送信、利用を禁ず。

推薦者序文

　Dr. スティーブン・ブレイクは私たちが初めて出会ったおよそ20年前からずっとよき親友であり、よき師である。彼は獣医学領域のホリスティック医療における開拓者の一人として、四本足の者たちや地を歩く者、飛ぶ者や泳ぐ者に至るまで、我々が命をかけて打ち込んでいるさまざまな者たちを助ける新たな道を探し求め続けている。

　私はDr. スティーブンがジェモセラピーについて話しているのを数年ほど前から聞いてきた。私も最初は多くの人と同じように、この治療薬がルビーやエメラルドなどでできているのではないかと思った。しかしそれらはホメオパシー医療に基づいたハーブのチンキ剤（生薬やハーブからの抽出液）であり、多くのものが植物の芽から作られている。"ジェモ"の語源はラテン語の"芽"である。私はDr. スティーブンのウェブサイトにある情報をもとにジェモセラピーの治療薬を使い始めることにした。そして今では自分自身でより多くのことを学ぶようになった。私は自分の患者においていくつかのとてもよい結果を得ており、我が親友が勧める全てを最終的に受け入れたことをとても誇りに思っている。

　そして今あなたも、自分のペットであろうと患者であろうと、動物たちを助ける「ツールキット」のひとつとしてこれらの治療薬を組み込むことができる。

　この本はあなたを成功へ導く確かな情報を提供する。とても簡潔であるが、動物たちに訪れる多くの状況に対応できており、Dr. スティーブンの助言はすぐにあなたを導くはずである。

　これらのページの中からあなたが見つけるであろう愛と英知から、あなたの動物たちとあなたの幸せが訪れることを祈っている。

ドン・ハミルトン, DVM

目次

日本語版発刊にあたって ii
推薦者序文 v
献辞 viii
はじめに ix
私の夢 xii

基本原理 1
急性あるいは慢性の状態 3
投与量について 4
ペットに対する身体検査チェックリスト 6
一般的な疾患 15

にきび	15	糖尿病	38
攻撃性や狂犬病症状	17	下痢	39
関節炎	19	外陰部分泌物	41
耳血腫	22	犬や猫の咬傷	42
咬傷と刺傷	24	耳の感染	44
胃捻転	26	ミミダニ	46
熱傷	27	騒音恐怖症	47
結膜炎	28	食物や廃棄物による中毒	48
発作	30	ウジ	50
発咳	31	エノコログサや異物	51
膀胱炎	33	歯肉炎と口内炎	52
虫歯あるいは膿んだ歯	36	心臓病	53
変性性脊髄症	36	股関節形成不全	54

急性湿疹（hotspots） ……………… 56

前房蓄膿（眼疾患） ……………… 58

感染 …………………………………… 59

椎間板疾患（すべり症） …………… 60

掻痒 …………………………………… 61

腎不全 ………………………………… 63

肝障害 ………………………………… 64

疥癬 …………………………………… 65

鼻出血 ………………………………… 66

過熱 …………………………………… 67

産褥期 ………………………………… 68

前立腺疾患 …………………………… 69

ガマ腫 ………………………………… 70

停留精巣 ……………………………… 71

白癬 …………………………………… 72

皮膚感染症や発疹 …………………… 73

ヘビによる咬傷 ……………………… 76

くしゃみや鼻づまり ………………… 77

脊椎炎 ………………………………… 78

捻挫や筋違え ………………………… 79

甲状腺疾患
　（甲状腺機能亢進症） …………… 80

甲状腺疾患
　（甲状腺機能低下症） …………… 82

尿失禁 ………………………………… 83

嘔吐 …………………………………… 84

ドレナージと解毒 …………………… 85

ジェモセラピー用治療薬
　（学名／日本語名） ……………… 88

ジェモセラピーマテリア メディカ …………………………………… 109

一般状態からみたジェモセラピー治療薬使用法 ……………… 116

動物のケアにおいて最も使われているジェモセラピー治療薬 … 124

資料と入手先 …………………………………………………………… 125

参考図書 ………………………………………………………………… 139

献辞

　私は絶えず私の傍でくじけずにいてくれた、私の師である人と動物に心から感謝します。もし私の親友でもある妻のシャーリーンがいてくれなければ、今の私の人生は決して訪れなかったでしょう。今、多くの人々と志を共にしているのも、彼女が私と私の仕事に対する信頼を持っていてくれたからこそです。また私は、息子のショーンとスコットにも感謝します。彼らは私に人生の素晴らしさを教えてくれ、人と動物に対して同じように優しくあることを教えてくれました。私の5人の孫たち、タナー、ニコラス、マディソン、スカイラー、そしてDr.クリスチャンは、それぞれが私の心の中に毎日小さな可愛い足跡を残してくれ、私を心から微笑ませてくれます。私の父スティーブンと母マリー、心の母ヘレンは、私の心の旅と幸せを支え続けてくれました。彼らとずっと一緒にいられたことはとても幸運でした。支えてくれた全てに感謝します。

　私の友人であり、この仕事を完成させる動機をくれた（人の）ホメオパシーの同志であるパム・フェッツにも感謝します。彼女は素晴らしい協力者であり、動物と人のどちらにも等しく支えとなる人です。パム、あなたがこの仕事を成功させるためにしてくれた全てに感謝しています。

　私はまたDr.ベラ・ドルドーニにも感謝します。彼女は私のニュースレター「The Pet Whisper」を本にするための編集者です。彼女は私の親友であり、私の動物たちの友人でもあります。

はじめに

いかにして始まったのか

　もし私が獣医師にならなければ、この人生を通した私の旅は始まらなかっただろう。子供の頃は医者になって人々が"治る"のを助けたかった。私は科学や生物学、数学や物理学、そして物の修理に熱中した。しかし医学部進学課程の2年生になった時、医者は私の道ではないと気付いた。クラスを去るつもりだと友人に告げると、彼は"獣医師になってみたら？"と言った。それが私の歴史の始まりだ。

　人生におけるこの変化は、私がその後30年にわたって無条件の愛というものを目の当たりにすることを可能にしてくれた。動物たちは私の人生を救ってくれ、この本を書くきっかけを与えてくれた。彼らからは、お返しすることができないほどの多くのことをもらった。

　私が獣医として働きだした頃は、コロラド州立大学の獣医学課程で体得した知識を可能な限り用いて診療の経験を積んだ。数年を経ると、教えられてきたことの全てが、はたして動物たちの助けになるのだろうかという疑問を抱き始めた。

　1980年代初め、私はある病気にかかった。だが、その時にホメオパシーの医師であるDr. ドリン・グツに出会う幸運を得た。彼は私の病気が殺虫剤による中毒であると診断したのだ。彼の助言は、死にたくなければ獣医師をやめるかゴム製の手袋をはめるしかないというものであった。手袋などは一患者くらいしか持たないので、そんなこ

ix

とはできるはずがないと思った。私は全てのオーナーに対して、自分のペットに殺虫剤を使用しないよう頼み（実際は、要求したのだが）、そうでなければ診察をしないと伝えた。

驚いたことに、そうすることで私は今までよりさらに忙しくなったのだ！　私は化学物質がない状態で動物たちを治療する新たな方法を考えなければいけないことに気付いた。それらの方法を訓練する場所がどこにあるのだろうか？　答えはすぐに出た。私は同じ獣医師であるカーヴェル・タイガートにある学会で会い、こう尋ねられた。「君は動物たちの治療においてビタミンは重要だと思うか？」と。私は「はい」と答えた。彼のおかげで代替治療について力の限り学ぶ私の旅が始まった。

私はホメオパシー獣医としてホメオパシー獣医学会に認定されており、国際獣医鍼灸学会では動物鍼療法士として認定されている。患者に対しては主にアロマセラピー、古典的ホメオパシー、バッチフラワー、ジェモセラピー、マッサージ、鍼灸、そして食事療法を行っている。私は、治療を必要としている動物の95%は、薬や手術なしで助けることができるということを発見した。投薬や手術は獣医療において重要な位置を占めているが、その必要性は一般に信じられているほど多くはない。

古代ギリシアでは医師とは教師であり、それこそが我が友人である動物たちの治療において、私が最善を尽くしてやりたいことなのである。私は27年にわたって統合獣医学を実践してきたが、その時間が私の獣医師としての経歴の中でもっとも満足できる時間であると気付いた。そんな代替医療なんて動物に効きやしないと人に言われるたびに、遠い昔にジンジャークッキーの中から見つけたお気に入りの言葉で答える。

" できるはずがないという人は、
それをしようとしている人を妨げるべきではない！"

中国のことわざより

この言葉や本の中で出てくるその他の言葉は、私が人生において生きるため、そして我が友人である動物たちの治療を行うための私の歩みを導いてくれた。読者に私が贈りたいのはこれである。―動物の世界は自身の全てを知っており、さらに多くの

ことを知っている。「私たち」は自然という教室の生徒であり、我々の先生は動物たちなのである。先生に敬意を払い、彼らが教えてくれることを聞き入れなくてはいけない。彼らに従わないということは、我々の唯一の先生に対して敬意を示さないということである。彼らは見かけがどうであろうとも、あらゆる生物に無条件の愛を与えるという、ただそれだけを目的としている。もし世界がこの集合意識のもとに結束すれば、世界に平和が訪れるだろう。それが本書を書く究極の目的である。

 # 私の夢

　私には人類が犬と同じ魂のレベルにたどりつくのを見届けたいという夢と展望と願望がある。どうして犬なのか？　それはまず、DOGという単語を逆からつづればGODになる。これは私の意識の流れを知る小さなヒントになるだろう。私は心の中で動物という友人が全ての人に対する教師としてここにいるのだと信じている。彼らは"今"を生き、"気づいて"いて、そして"ここにいる"ということを教えてくれる。

　私はペットのオーナーに対して、ペットの健康管理をする際にいかにして予防的な行動を行うかを懸命に教えてきた。私の示す方向に向かい、私と私の友人である動物たちに耳を傾けてもらうことで、我々人間が、動物たちとこの惑星の先生であり世話係であることに気づいてもらうことが私のゴールであると思っていた。我々がこの役割をしっかり果たすことで、それぞれが幸せになれると思っていた。

　私はしばしば、自分の世話をしてくれる人や友人、読者や家族に対してこのように話していた。「この惑星で唯一の光は、我々人間である」と。しかし世界史を見てみれば、我々人間ほどこの惑星に有害なものはいない。我々の全てがあまりに無意識であることによって、とてつもなく危険な速さで植物も動物も壊滅させられている。

　しかしながら、私の友人である動物たちは、ずっと耐え続けている。彼らは我々に対して唯一の答えとして、無条件の愛を示してくれる。そこに希望があるのだ。私たちは今までのやり方をやめて、植物や動物たちが教えてくれることに従わなければならないのだ。立ち止まり、見て、聴くのだ。注意を向けるべきは最新の科学技術の成果ではなく、我々のすぐ側にある植物や動物という命の本質である。重要なのは'幸せ'であること、そして集団としての'幸せ'を達成することであり、我々がなすべきことは全てに対して'慈しみの心'を持つことなのである。

　私がいつも世話をしてくれる人や読者に言っていることがある。何か困難なことにぶつかった時には、「犬になりなさい。猫になりなさい。馬になりなさい」と。この簡単の言葉に従うことによって、人は瞬間に本当に意識的な集団となりえるし、'今ここにいる'ことを感じることができる。また'集団としての今という認識'も行うことができる。今日、犬になって、犬のように無条件の愛を示せばよいのである。

私の友人である動物たちへの感謝

　私が今まで出会ってきた動物たちと、その飼い主たちに関われたことは、非常に名誉なことである。私は獣医師であれば誰もが望むであろうとても優しい患者に本当に恵まれてきた。私はいつもこう言っている。「私はあらゆる動物の治療を行うことが好きである。困難になるのは飼い主なのである」と。

　動物たちが私の心に与えてくれる'微笑み'は、決してお返しをすることができないほどの素晴らしい贈り物である。私にできることがあるとすれば、彼らが教えてくれたことを次に伝え、私自身を導きながら日々を過ごし、そして耳を傾けてくれる人にそれを教え続けることである。私の言葉に耳を傾けてくれる人にお願いしたいことがある。どうか自分が知ったことを他の人と共有してほしい。そしてその人たちも同じように行動するように働きかけてほしい。私はこれを「恩送り」と呼んでいる。もし私たちの全てがこれを行ったならば、世界は'地上の楽園'になるだろう。

アルバート、エルモ、そしてDr.ルーイへ

　アルバートとエルモは私の親友である。彼らはすばらしいバセットハウンドであり、それぞれ14年半と13年もの間、私のよき師でありよき助手であった。私は、「虹の橋」を渡って再び彼らと出会い、もう一度誰かを助ける仕事を一緒にできる日が来ると信じている。この偉大な二つの魂は私が「ペットの声の代弁者」となることを教えてくれ、この本を書く力を与えてくれた。また彼らは私に辛抱と、彼らの友人である動物たちの声にどうやって耳を傾けたらよいかを教えてくれた。彼らは「虹の橋」を渡る前と同じように、私の心の中にいるのだ。私は彼らのシャーロックホームズであり、彼らは私のワトソンなのだ。

　Dr.ルーイはかけがえのない「犬の獣医師」であり、私の新たな親友であり助手である。彼はアルバートとエルモのように、私が研究の助けを必要としていた時に目の前に現れた。

Dr. ルーイは絶え間なく私に様々なことを教えてくれる本当に素晴らしい犬である。彼は毎日、この瞬間を生きる楽しみを私に思い出させてくれる。人生は生きることであり、全ての動物は命を生きている。彼らの望みは、私も同じようにふるまうことである。彼らに耳を傾けてほしい。

基本原理

　私が初めてジェモセラピーに出会ったのは、1980年代の初めにまで遡る。この時私は、アメリカのオーソモレキュラー（分子栄養療法）学会で、Dr.マックス・テトの話を聞く幸運を得た。彼はフランス語で話していたので、通訳を通して初めてジェモセラピーの基本を知ることができた。私はそれまでジェモセラピーなど聞いたこともなく、またその当時はアメリカにその手法を持ち込むこともできなかった。しかし、私は彼の英知に非常に感動し、いつの日か、この素晴らしいドレナージシステムについてもっと学び、自分の治療に取り入れようと誓った。時は過ぎ、1990年代に入って私はジェモセラピーに再び出会い、そして現在に至るのだ。私はこの治療法を私の患者に使用しており、これが動物たちの自然治癒力を最大限に引き出すのために不可欠であることに気付いた。

　ジェモセラピーは40年以上も前にヨーロッパで発展したドレナージシステムである。植物の芽を治療に用いることに関する予備的な研究は1950年代にベルギーのポール・ヘンリーによってはじめられた。未熟な植物から得られる物質に関して、より広い医学的な研究が進められ、Dr.マックス・テト医師がその20年後に、ジェモセラピーという治療法として広め始めた。

　この方法は、まず未熟な植物の新芽や若芽を温浸して21日間グリセリンにつけて抽出することから始まる。次にそれらを1倍の効力（抽出物1に対して水が9）にする。これらの抽出物はとても高い成長因子であり、植物ホルモンのオーキシンやジベレリンを含んでいる。これらの活性物質は新芽の中に存在しているが、植物が成熟していくうちになくなってしまう。オーキシンは胎児におけるホルモンのような活性を持っており、新芽にだけ存在している。ジベレリンはRNAを刺激し、タンパク質合成を促進する。ジベレリンもまた新芽にのみ存在し、他の部分には存在しない。研究者たちは先ほど述べたやり方で、非常に多くの治癒成分を植物から見つけてきた。

　現在のところ、商品として入手可能なジェモセラピー用の治療薬は60種類以上ある。これら植物由来の抽出物のそれぞれが、すべての生命体に対してとても特異的な活性

を持っている。

　ジェモセラピーの最も重要な考えは、細胞レベルでの生命体のドレナージと無毒化である。これを行って初めて、体は真の自然治癒力を発揮することができる。ドレナージは、体から有毒な排泄物を取り除くという排泄器官の能力を高めることで作用する。有毒な成分が溜まってくると、体は細胞や組織から排泄器官と呼ばれる道を通してそれらを捨て去ろうと最大限の力を使うだろう。これら排泄器官には腎臓や膀胱（尿を介しての排泄）、消化管（便を介して）、子宮（月経を介して）、皮膚（発汗を介して）、肺（深呼吸をすることで）、そして肝臓が含まれる。肝臓は体外へ繋がってはいないが、生体内の主要な無毒化を行う臓器である。体の中のほとんどすべてのものが肝臓というフィルターを少なくとも一度は通過する。あなたのペットが接する多くの有毒物質、例えばノミやダニの防虫剤や家庭用の殺虫剤、薬物、抗生剤、ワクチン、重金属、そして発がん物質などは肝臓で代謝される。肝臓は細胞内でこれら有毒物質を除去するために最大限に働き、排泄器官を通してそれらを排泄している。

　私はホメオパシーや鍼灸、腺療法、食事療法、アロマセラピー、そしてバッチフラワー療法などを、およそ20年にわたって行ってきた。けれども、私がどんなことをしようとも、ちっとも健康に戻らない動物を何度も経験した。私の治療には存在しなかった要素がこのジェモセラピーの治療薬にはあった。ジェモセラピーに出会って初めて、今までは'治らない'とされた病気の治療を行うことができるようになったのだ。

　私はこのシステムが全ての病気を治すものだと言いたいわけではない。というのも過去30年の診療活動において、そんな動物は一度も見たことはないからである。私はあなたが現在行っている外科療法や薬物療法などの治療法を補うもう一つの道具として、この治療法を共有していきたいのである。

急性あるいは慢性の状態

　もしあなたのペットが'急性'つまりたった今'発生した'状態であるならば、その症状は急激に発生して繰り返すことはない（動物が同じアレルゲンに何度も曝露されない限りは）。そこには原因と結果（ここでは病気の状態）が存在している。急性の状態の例を挙げてみる。あなたのペットにコショウスプレーがかかってしまったり、有毒な物を食べてしまったり、外傷を負った時などがある。

　慢性の状態とは、症状が何度も繰り返し見られるような場合、つまり、常に眼や耳、鼻からの排液が見られるような場合や、何度も繰り返す痒み、脚をしきりに舐めることや、体をこすりつけること、泥や枝やその他の異物を食べること（異食症と呼ばれるもの）が見られるような場合を指している。

　慢性的な状態においては、その前の段階で、動物がその状態に陥りやすい状況があったと考えられる。そのような状況があった上で実際に症状が生じ、それが何度も繰り返されているのである。これは慢性疾患の徴候を示している。猫の毛球症は慢性的な消化器の問題の徴候を示している。その他の'慢性'的な状態には以下のようなものがある。鼻鏡の皮膚の乾燥や肉球の肥厚、反復する下痢や嘔吐（1年に1，2度以上）などである。

　私がペットの診療において取り扱っている状態のほとんどが慢性のものである。あなたがペットの治療を行う際には、それが急性なのか慢性なのかを一番最初に見極めることを決して忘れないでいただきたい。

3

投与量について

　ジェモセラピー用治療薬を使用する際には、他の補完的な治療法と同時に始めなければならない。ここで重要なことは、患者それぞれのエネルギーレベルや、患者が環境に対してどれほど敏感なのかを知った上で、患者ごとに投与量を決めることである。

　慢性疾患で衰弱している場合には一日あたり1-5滴という非常にゆっくりとした速さで治療を始めるべきである。もし患者が激しく敏感な時には、コップ半杯の天然水に対して1滴のジェモセラピー治療薬を混ぜる。動物の反応が穏やかになるまで、この治療薬入りの水を1回1滴ずつ与える。

　少しずつ水の量を減らしていき、治療薬の量を増やしていく。何ら副作用が出なければ、一日当たり5滴まで治療薬の量を徐々に増やしていく。この時点で、もし本来の疾患の徴候に改善が見られなければこの治療をやめ、1週間に一度5滴を投与する維持療法へ移ることにする。これは治療計画における予防効果としての使い方である。

　最も良い治療薬の滴下方法は、

1. 直接動物の食事に滴下する。
2. 動物の鼻の中に入れる。あるいは耳の毛の生えていないところにすりこむ。
3. 治療薬を滴下するために特別に用意された、きれいで不純物のない水へ混ぜる。

敏感さのレベル：

レベル1―とても敏感
　食事や天候、環境の変化、旅行や日常の変化に対して非常に強く影響される動物。治療薬を1滴滴下するか、上記の希釈方法で与える。

レベル2―普通
　この動物は慢性的な問題を抱えていることが多い。深刻な疾患ではないが、時折突然生じる症状、例えば痒みやかきむしる動作、小さなホットスポット（急性湿疹）などである。治療薬を3滴与える。

レベル3―弾丸もものともしないほど鈍感
　この動物は非常に強い気質を持っている。とても痒かったり、しばしば体をこすりつけたり、眼や耳から分泌物が出ていたりしても、何ら慢性的な問題を示さない。治療薬は5滴与える。

ペットに対する身体検査チェックリスト

　病気や異常な状態を見極めるためには、自分のペットの正常を認識できていなければならない。以下の項目には、何が正常であるかを判断するための迅速なチェックリストが書かれている。一番に提案したいことは、自分のペットに何も悪いところがない状態で時々'簡単な'身体検査をして、あなた自身が自分のペットの正常に慣れることである。ペットが安心できる場所で手を使った身体検査をすることが、ペットの正常を学ぶ最適な方法である。p13の「私のペットの正常値」へ記入しておくことをお勧めする。

外見：

　手での検査を始める前に、ペットから少し離れて立って数分間ペットを観察する。彼らの姿勢、呼吸、活動性のレベル、そして一般的な外見は多くのことを教えてくれる。

　次に身体検査を始めるが、その際には以下の部位を観察することを忘れずに行う。もし異常な状態があったり、何か検査で心配なことが見つかれば獣医師の診察を受けなければならない。

鼻

☐ **正常**
- 湿っていてきれい
- 表面は滑らか
- 単一の皮膚色

☐ **異常**
- 鼻梁や小鼻の周りがかさかさしている。
- 乾燥やひび割れのある鼻
- 鼻からの分泌物（例えば、粘稠で緑色の粘液など）

- 出血
- 脱色

皮膚

ペットの皮膚や被毛を触り、腫瘍や傷がないか確認する。

☐ **正常**
- つやがあり滑らかな被毛
- 柔らかく傷のない皮膚
- においはほとんどしない。

☐ **異常**
- まばらあるいは脱毛のある被毛
- 開放創や痂皮
- 脂性あるいは汚れた感じのする被毛
- 異常な臭い、あるいは悪臭
- ふけ

眼

☐ **正常**
- 光っており、湿って、澄んでいる。瞼の中央にあり、瞳孔は左右で同じ大きさである。
- 白目の部分に色がついておらず（例えば赤色や黄色になっていない。）、ほんの数本の血管が見えている。
- 光を一方の眼に当てた時に、両方の眼が等しく縮瞳する。眼を閉じた時、あるいは部屋を暗くした時に、左右の瞳孔が等しく散大する。

☐ **異常**
- 濁って、落ちくぼんだ眼。乾燥したり、眼から粘稠な分泌物がある。片方あるいは両方の眼が中心にない。

- 瞳孔の大きさが左右不対称。
- ペットの白目の色をじっくり見てみる。問題となる異常な色は黄色（黄疸）や赤色（充血）である。
- 一方の眼に光を当てた時に瞳孔が反応しない、あるいは異常な反応をする。暗さに対する瞳孔の反応がない、あるいは異常である。

耳

ペットにおいて慢性的な耳の問題は非常に多く、それらのほとんどは、吸入した花粉に対するアレルギーの結果である。（ヒトの花粉症のようなものである）。それらは、微生物や真菌による二次感染を起こすことで複雑化する。耳の感染症は痛みを伴い、頭を振ることで耳の柔らかい部分（耳介と呼ばれる）に血が溜まる（血腫）。

☐ 正常
- 皮膚は滑らかで傷がない。
- きれいで乾燥している。
- ほとんどにおいがない。
- 犬種によっての典型的な形をしている。痛みがない。

☐ 異常
- 傷あるいは痂皮がある。
- しこりや腫れがある。
- 発疹のあらゆる徴候がある。
- かさつきや湿潤、あるいは耳道からの分泌物がある。
- 耳からの強いにおい。
- 犬種に典型的でない形。例えば、通常は立ち耳の犬種の犬の耳が垂れている時。
- 痛みがある、あるいは腫れた耳。

☐

犬の歯肉の部分を指で押してから、すぐに離してみる。歯肉に色が戻ってくることを観察する。このチェックは末梢血管再充填時間（CRT）であり、心機能や体循環がうまく作動しているのかを大まかに把握することができる。正常なCRTは、色が戻るまでに1―2秒である。これは時には判断することが難しいことがある（例えば、あなたのペットの歯肉が黒かったり、色がついていたりする場合）。ペットが病気であるのか、健康であるのかの決定的な証拠として、このチェックに頼りすぎてはならない。

☐ **正常**
- 歯がきれいで白い。歯肉は全体的にピンク色である。

☐ **異常**
- 歯の根元に歯垢が蓄積している。
- 歯肉が赤色や蒼白になっている。炎症や痛みがある。
- 不快なにおいがある。

頸部 / 胸部 / 呼吸

パンティングしている時以外は、ペットの呼吸音を聞くことは困難である。

☐ **正常**
- 呼吸の間、胸壁が穏やかに交互に動いている。呼吸の大部分は、胸壁の動きが担っている。

☐ **異常**
- 呼吸している時にあらゆる異常音が聞かれた時には、問題があると考える。特にその異常音が今まで聞いたことのないものであれば問題である。
- 胸壁を動かす際に必要以上の力を入れている。
- 吸気と呼気の際に腹部がよく動いている。

腹部（胃）

腹部（胃）の異常を発見するには、肋骨のすぐ下から始め、優しく腹部に手を押し当てる。もしペットが食事をしたばかりならば、左側の肋骨のすぐ下の部分が拡張してることを感じることができるだろう。体の後方に手を動かしていき、腹部全体を優しく触診する。

☐ 正常
- しこりや腫れ、腫瘍がない。
- 触診を嫌がらない。
- 腹壁に膨張がない。

☐ 異常
- あらゆるしこりや腫れ、腫瘍は異常である。
- 触診すると唸ったり、呼吸をしにくそうにする。あらゆる痛みの徴候は深刻な症状である。咬まれないように注意する。
- 腹部が硬い、あるいは張っていて、膨張している。
- 腹部の触診で痛みがあれば、問題である。獣医を受診する。
- 腹部から過剰に音がする、あるいは鼓腸音が聞かれる。

皮膚の弾力

皮膚の弾力をみるテストは、動物が十分に水和しているかどうかを判断するのに最も有効なテストの一つである。このテストは、水和状態以外のいくつかの要素にも影響されうる。例えば体重の減少や年齢、全身の皮膚状態などである。しかしながら、ペットの水和状態の大まかな判断に使えることは事実である。テストの方法は、胸や背中の皮膚をテント状につまみあげ、すぐに指を離す。首の皮膚はこのテストを行うには厚すぎるため、避ける。皮膚が安静時の状態に戻ることを観察する。

☐ 正常
- 皮膚がすぐに元の位置に戻る。

- **異常**
  - 皮膚の戻りがゆっくりで、わずかに引っ張られたままの状態が残る。これは脱水の可能性を示唆する。

脈と心拍数

危機となる前に、自分のペットの脈を取れる個所を探しておく。犬や猫で最も良い個所は脚の付け根の大腿動脈である。指を後肢の全面にまわし、手の甲が腹壁に触れるところまで手を上に動かす。血液が動脈を通り過ぎる圧である脈を感じられるまで、大腿の内側で指を前後に動かす。15秒間、脈拍数を測り、その数を4倍する。この値が1分間当たりの脈拍数（BPM）である。脈拍数は非常に変化しやすい値であり、直前の運動や興奮、あるいはストレスによって影響される。心拍数の数値だけで、ペットが病気か健康であるかの判断をしてはならない。

- **正常：脈が簡単に触知でき、強く一定のリズムである。**
  - 猫：100-160回／分。リラックスした猫であればよりゆっくりした脈かもしれない。
  - 小型犬：90-130回／分。
  - 中型犬：70-110回／分。
  - 大型／超大型犬：60-100回／分。リラックスした状態ならば、よりゆっくりした脈かもしれない。

- **異常**
  - 速すぎる、あるいは遅すぎる。
  - 脈が弱い、不規則、あるいは触知することが困難である。

体温

ペットの体温を測ることは簡単かつ重要なことである。デジタル体温計を使って計測を行う。デジタル体温計は数値を読みやすく、薬局でそれほど高くない値段で買うことができる。

直腸温は腋窩温（前肢と体幹の間）より正確な体温を示す。潤滑ゼリーを体温計につけて用いる。やさしくゆっくりと体温計を直腸へ約2.5-5センチ挿入する。簡単に入っていかない場合は、無理に入れてはならない。体温計を2分間入れ、その後取り出して値を読んで記録する。

❑ 正常
- 体温が38.3℃から39.2℃の間にある。
- 体温計を取りだしたときにほとんど汚れがついていない。

❑ 異常
- 体温が38.3℃以下、あるいは39.4℃以上
- 体温計に血液や下痢、黒いタール便が付着している。

誰か手助けする人がいるならば、猫の体温を測ることは簡単である。咬みつかれる恐れがあると感じた場合は、ペットの体温を測るというリスクを冒してはならない。

最後に

あなたは、ペットの"正常値"を知っておかなくてはならない。以下の様式を用いて、家での検査の結果を記録しておく。危機が起こってしまう前に異常を発見できるように、ペットを丁寧に観察してペットの正常値に慣れておくことが重要である。

参考文献：The VIN Emergency Medicine Staff
www.vetrinarypartner.com

私のペットの正常値

私のペット _____

は以下の正常値である。

正常時の体重：_____ kg

安静時の心拍数（脈拍数）：_____ 回/分

直腸温：_____ ℃

正常の歯肉色：_____

正常の白目の色：_____

"知識とは学ぶことで得られるものであり、
英知とは観察を通して得られるものである。"

　　　　　　　　　　　　　　　無名の人

一般的な疾患

にきび

犬や猫のにきびは慢性疾患の徴候であることを理解して治療を行うべきである。体の奥に潜んでいる問題が顎のあたりの体表面に出現したのがにきびであると考えられる。ステロイド剤や抗真菌薬、抗生剤をその病変部へ塗布することや、経口的に投与することは避けたい。それらの薬は一時的に症状を緩和したり、病変を消失させることができるが、結局は問題をより悪くさせたり、治癒を阻むことになる。

徴候や症状

- 皮膚や顎からの黒色の分泌物
- 顎の発疹
- 痒み
- 腫脹

治療

動物を快適にさせる手助けとなるならば、病変部を清潔にしておく。もし動物が不快感を抱いている時には、以下の治療を使う。

- Calendula Tincture：約30mlの天然水に対してCalendula Tinctureを1滴混ぜる。病変部を洗浄後、この希釈された抽出液ですすぐ。
  または
- Rescue Remedy Tincture：約30mlの水に対してRescue Remedy Tinctureのチンキ剤を1滴混ぜる。不快感を和らげるために病変部へすりこむ。

これらの方法はどちらも治癒過程を妨げずに、不快感を最小限に抑えた状態で治癒することを可能にする。またCommon Juniperを犬や猫に使うことも勧める。（肝臓と腎臓の解毒と強化のため）

- Common Juniper
  猫：1日3-5滴のCommon Juniperを合計6週間。
  犬：1日3-5滴のCommon Juniperを合計6週間。

6週間後からは、上記と同量（3-5滴）を1週間に一度にして、肝臓と腎臓の解毒と強化を図る。毎年春に開始し、6週間春の大掃除プロトコールを繰り返す。

もし症状が悪化したり皮膚に痒みが生じた場合は、Common Juniperをやめて浄化作用が弱まるまでは繰り返さず、症状が治まった時に再開する。動物がCommon Juniperによって放出される毒素を十分に取り除くまで、何度も中止と再開を繰り返さねばならないかもしれない。Common Juniperの使用の有無の記録をつけてみるとよい。最終的な目標は、6週間の使用で効果が見えるほどの浄化を行うことである。

- European Walnut と Rye Grain
  猫：1日当たり European Walnut と Rye Grain を 1-3 滴
  犬：1日当たり European Walnut と Rye Grain を 5-10 滴

動物たちが、体の内側から治癒することを手助けする主要な２つの治療薬である European Walnut と Rye Grain を勧める。

もし症状が悪化した場合は、上記３つ（Common Juniper と European Walnut、Rye Grain）全てをやめて、病変部が清潔になるのを待つ。いったん解毒という治癒がおさまれば、再び上記の順序を繰り返す。動物たちが完全に治癒するまで、彼らが示すとおりに治療をやめたり再開したりを繰り返す。

攻撃性や狂犬病症状

動物が攻撃性に関する問題を抱えていたり、ひどく攻撃的な傾向がある場合には、ワクチンやノミダニの駆虫薬、フィラリア予防薬を用いるべきではない。

徴候や症状

- 衝動的な攻撃行動
- 唐突な行動変化
- 唐突に咬みたがる
- 狂犬病ウイルスのワクチン接種後にたいてい行動が悪化する
- 攻撃性を示していない人や犬の騒音や動きで行動が悪化する

治療

Black Currant と Common Birch、Lime Tree を以下の用量で１日２回与えるか、発作のたびに与えることを勧める。それ以上の症状が見られなくなったら、解毒を手助けするためにもその後は週に１回にする。

- Black CurrantとCommon Birch、Lime Tree
  猫：1日2回、それぞれ3-5滴ずつ。あるいは発作の時。
  犬：1日2回、それぞれ3-5滴ずつ。あるいは発作の時。

  合計6週間、以下の用量でCommon Juniperを全ての動物に与えることも勧める。

- Common Juniper
  猫：1日3-5滴のCommon Juniperを合計6週間。
  犬：1日3-5滴のCommon Juniperを合計6週間。

  6週間後からは、上記と同量（3-5滴）を1週間に一度にして、肝臓と腎臓の解毒と強化を図る。

  毎年春に開始し、6週間春の大掃除プロトコールを繰り返す。

関節炎

残念なことではあるが、今日、この疾患はあらゆる世代の犬や猫、馬に非常に一般的な疾患となっている。主たる原因は、関節の慢性的な炎症による。動物は、一日の少なくとも数時間は、つま先や踵あるいは肉球を地面にしっかりと着ける必要がある。もしあなたが動物の世話をする立場であるならば、身の回りの泥地や草地、海や海岸、岩やコンクリート上の石畳やコンクリートを見つけ、それらの一つ以上に毎日直接裸足（あるいは肉球）で立つ必要がある。これらの全ては伝導体であり、あなたやあなたの動物の体が持つ電気的なバランスを乱れないようにしてくれる。地面に足を着ける効果により、私たちの体の中に溜まっている正の電荷を取り除くことができる。私たちは代謝や細胞修復、細胞置換や電磁場、家の壁の交流電流、中継点の塔、送信機器、高電圧線、Wi-Fi、携帯電話の送信などにより二次的に発生するフリーラジカルによって正の電荷を溜めこんでいる。もしこれらがあなたの体に影響を与えているならば、それは確実にあなたの動物にも影響している。詳しい内容は、ウェブサイト（英語）で知ることができる。www.thepetwhisperer.com

ワクチンや化学物質、除草剤、殺虫剤、薬剤、水、ストレス、貧しい食事などは病因となりうる。可能な限りこれらの外因性物質の全てを避けなくてはならないのだ！

徴候や症状

- 関節の痛み
- 接触に対する過敏
- 腫脹

治療

関節炎の動物へはCommon Birchを用いることを勧める。これは体に対して万能の排出効果を持ち、肝臓や関節によく、体のあらゆる部分に生じた炎症を抑える助けもしてくれる。

- **Common Birch**
  猫：一日2回、1-3滴。
  犬：一日2回、5-10滴。
  馬：一日2回、5-10滴。

膝や肘、肩関節へはWild Woodvineを勧める。

- **Wild Woodvine**
  猫：一日2回、1-3滴。
  犬：一日2回、5-10滴。
  馬：一日2回、5-10滴。

もしあなたが超大型犬の子犬を飼っているならば、この治療法を生後8週間から始め、彼らの発育の初期において可能な限り、健康な関節を作る手助けをすることを勧める。

股関節へはCommon BirchとWild Woodvineを勧める。

Common Birchは股関節を形成するあらゆる関節の循環と再生の手助けをするため、特に股関節形成不全においてよいものである。

- **Common BirchとWild Woodvine**
  猫：一日2回、それぞれを1-3滴。
  犬：一日2回、それぞれを5-10滴。
  馬：一日2回、それぞれを5-10滴。

もし小さな関節（つま先や手首、足首など）が問題ならば、Common BirchとWild WoodvineのほかにEuropean Grape Vineを勧める。（この治療薬は小さな関節の炎症に非常によく効く。）

- Common BirchとWild Woodvine、European Grape Vine
  猫：一日2回、それぞれを1-3滴。
  犬：一日2回、それぞれを5-10滴。
  馬：一日2回、それぞれを5-10滴。

脊椎の問題（脊椎症、椎間板疾患、ウォブラー症候群、背中の痛み）についてはCommon BirchとWild WoodvineのほかにMountain Pineを用いることを勧める。覚えておくとよいフレーズとして、「Mountain Pineは背骨をまっすぐにする。」という言葉がある。

- Common BirchとWild Woodvine、Mountain Pine
  猫：一日2回、それぞれを1-3滴。
  犬：一日2回、それぞれを5-10滴。
  馬：一日2回、それぞれを5-10滴。

合計6週間、以下の用量でCommon Juniperを全ての動物に与えることも勧める。

- Common Juniper
  猫：1日3-5滴のCommon Juniperを合計6週間。
  犬：1日3-5滴のCommon Juniperを合計6週間。

6週間後からは、上記と同量（3-5滴）を1週間に一度にして、肝臓と腎臓の解毒と強化を図る。毎年春に開始し、6週間春の大掃除プロトコールを繰り返す。

もし症状が悪化したり皮膚に痒みが生じた場合は、Common Juniperをやめて浄化作用が弱まるまでは再投与せず、症状が治まった時に再開する。動物がCommon Juniperによって放出される毒素を十分に取り除くまで、何度も中止と再開を繰り返さねばならないかもしれない。Common Juniperの使用の有無の記録をつけてみるとよい。最終的な目標は、合計6週間の使用で、効果が見えるほどの浄化を行うことである。

耳血腫

犬によく見られる症状であるが、数頭の猫でも見たことがある。これは外傷の問題ではなく、免疫系の問題である。慢性疾患の徴候であるため、そうだと理解して取り扱う必要がある。慢性疾患の治療方針について理解している統合力のある獣医師に診察してもらうことを勧める。私はここ数年間は、外科治療をできるだけ避けて、95％の時間を、犬と猫のホメオパシーとジェモセラピーを行うことに費やしてきた。私が以下に書いた事項をもとにホメオパシーを採用している獣医師と共に治療を行い、不必要な薬剤と手術を避けるようにしている。

何十年も前に私が学んだことであるが、何もしなければ耳は4週間で完全に治る。これは信じがたいことであるが、しかし私は実際にそれを見たのだ。最終的に耳は傷がよじれたようなフラップとなって終わり、それは手術をしても同じ結果となる。

徴候や症状

- 腫れた耳が垂れ下がる。
- 頭を振る
- 突然の発症
- 耳の腫れ

治療

この症状に対する主たる治療薬はRowan TreeとBlack Currantである。

- Black CurrantとRowan Tree
  猫：一日2回、それぞれを1-3滴。
  犬：一日2回、それぞれを5-10滴。
  馬：一日2回、それぞれを5-10滴。

  犬あるいは馬や猫にはCommon Juniperも加えることを勧める。（肝臓と腎臓の解毒と強化を図るため）

- Common Juniper
  猫：1日3-5滴のCommon Juniperを合計6週間。
  犬：1日3-5滴のCommon Juniperを合計6週間。
  馬：1日3-5滴のCommon Juniperを合計6週間。

6週間後からは、上記と同量（3-5滴）を1週間に一度にして、肝臓と腎臓の解毒と強化を図る。毎年春に開始し、6週間春の大掃除プロトコールを繰り返す。

症状が悪化したり皮膚に痒みが生じた場合は、Common Juniperを中止し浄化作用が弱まるまでは再投与しないで、症状が治まった時に再開する。動物がCommon Juniperによって放出される毒素を十分に取り除くまで、何度も中止と再開を繰り返さねばならないかもしれない。Common Juniperの使用の有無の記録をつけてみるとよい。最終的な目標は、合計6週間の使用で、効果が見えるほどの浄化を行うことである。

咬傷と刺傷

ノミやクモ、ハエやダニのような昆虫による咬傷はペットが日常生活で出会うありふれたものである。予防が最良の薬となる。ノミやダニを防ぐ自然の方法については、ウェブサイト（英語）で確認できる。**www.thepetwhisperer.com**

きれいな水、自然食、そして新鮮な空気があれば、動物は健康でいることができる。健康であれば、ノミやダニ、その他の寄生虫を自然にはね返すことができる。過剰なワクチンやあらゆる類の化学物質からは遠ざかっていなければならない。

徴候や症状

- 痒み
- 触ると痛がる
- 発赤
- 腫れ

治療

犬がノミやダニ、あるいはクモやハエに咬まれたならば、以下の手順に従って処置することを勧める。

1. 低刺激の石鹸と水で傷口を洗う。
2. 以下の溶液を作る。
   約30ccの水に対して**Black Currant**と**Rye Grain**を1滴ずつ落とす。

   この溶液を直接傷口に垂らす。動物が傷口を気にしなくなるまで15分ごとにこの方法を繰り返す。

3. 同時に、以下のジェモセラピー治療薬を口から飲ませる。これも動物が傷口を気にしなくなるまで15分ごとに繰り返す。

- **Black Currant**
   猫：15分ごとに1-3滴。
   犬：15分ごとに5-10滴。
   馬：15分ごとに5-10滴。

胃捻転

主に犬に見られる症状である。発症原因については多くの仮説があるが、覚えておくべき重要なことは、この症状が、何らかの慢性疾患があることを示しているということである。あなたは、この状態を取り扱える統合力のある獣医師に相談しなければならない。もし胃捻転を疑う事態となれば、命を落としかねないため、救急獣医師にかからねばならない場合もある。ワクチン接種がこの状態を引き起こす主要な原因の一つであり、そのため胃捻転の既往がある動物には決してワクチン接種をしてはならない。

徴候と症状

- 腹部の膨張
- 異常な唾液分泌
- 乾いた荒い呼吸
- そわそわしている
- 沈鬱
- 心拍数の上昇
- 不快なしぐさ

治療

胃捻転の症状がなくなるまでFig TreeとBlack Currant、Wine Berryを直ちに15分ごとに与える。徴候がなくなったならば、その後24時間は液体以外の食事は与えず、動物の状態が安定したら徐々に固形物を与えていく。

- **Fig Tree、Black Currant、Wine Berry**
  犬：15分ごとに、それぞれを5滴。

熱傷

動物には稀な問題ではあるが、発生すると非常に苦痛が大きい。最良の局所治療薬はラベンダーのエッセンシャルオイルである。約30ccの水にエッセンシャルオイルを1滴垂らしたものを空間に噴霧することを勧める。これは快適を感じ、治癒を促すのに必要だと感じるだけ噴霧する。ウェブサイト（英語）で、エッセンシャルオイルの中にラベンダーを紹介している。

http://thepetwhisperer.younglivingworld.com/

徴候と症状

- 皮膚のびらん
- 痛みのある水膨れ
- 皮膚のかさぶた

治療

- **European Alder と Black Currant**
  猫：一日2回、それぞれを1-3滴。
  犬：一日2回、それぞれを5-10滴。
  馬：一日2回、それぞれを5-10滴。

創傷部が治癒するまで毎日これらのジェモセラピー治療薬を与え続ける。

結膜炎

犬や猫、馬に頻繁に起こる症状である。これは眼球のまわりの組織が炎症を起こした状態である。主たる原因は、局所への刺激や、花粉、化学物質、除草剤、殺虫剤、ワクチン、局所薬、経口薬などに対するアレルギー反応である。この状態を治療する最善の方法は何であろうか？ 可能であれば上記の物質にあなたのペットを晒さないことである。

徴候と症状

- 分泌物
- 痒み
- 発赤
- 腫れ

治療

伝統的な中国医学（Traditional Chinese Medicine/ TCM）では、目は肝臓の窓である。そのため、目に問題がある時はいつも肝臓の治療を勧める。

合計６週間、以下の用量で Common Juniper を全ての動物に与えることを勧める。

- Common Juniper
    - 猫：1日3-5滴のCommon Juniperを合計6週間。
    - 犬：1日3-5滴のCommon Juniperを合計6週間。
    - 馬：1日3-5滴のCommon Juniperを合計6週間。

6週間後からは、上記と同量（3-5滴）を1週間に一度にして、肝臓と腎臓の解毒と強化を図る。

毎年春に開始し、6週間春の大掃除プロトコールを繰り返す。

またBlack Currantも結膜の炎症に対して勧める。

- Black Currant
    - 猫：炎症に応じて一日4回、1-3滴を飲ませる。
    - 犬：炎症に応じて一日4回、5-10滴を飲ませる。
    - 馬：炎症に応じて一日4回、5-10滴を飲ませる。

発作

主に犬に見られ、猫には稀である。今までに発作の既往がある（あらゆる程度の）動物に対してワクチン接種やノミ・ダニ用駆虫薬、あるいはフィラリア予防薬を決して使わないことを勧める。

徴候と症状

- 四肢のけいれんを伴った虚脱
- 頭部の揺れ
- 神経系の無意識のけいれん
- 無意識での肢のばたつき
- 凝視

治療

- **Black CurrantとCommon Birch、Lime Tree**
  犬：発作に応じて、あるいは1日2回、それぞれを3-5滴。

発作に応じて、あるいは1日2回**Black Currant**と**Common Birch**、**Lime Tree**を与えることを勧める。症状が収まった後、解毒と発作に対する抵抗力強化のために、それまでの量を1週間に1回与える。

またCommon Juniperも勧める。

- Common Juniper
  猫：1日3-5滴のCommon Juniperを合計6週間。
  犬：1日3-5滴のCommon Juniperを合計6週間。
  馬：1日3-5滴のCommon Juniperを合計6週間。

6週間後からは、上記と同量（3-5滴）を1週間に一度にして、肝臓と腎臓の解毒と強化を図る。

毎年春に開始し、6週間春の大掃除プロトコールを繰り返す。

発咳

咳が急性の問題（つまりジェモセラピー治療薬を使う前に繰り返して咳が出ていなかった場合）ならば、第一にLithy Treeを使えばよい。1時間たっても改善が見られなければ、Fig Treeを加える。さらに1時間たっても改善しない場合は、European Walnutを加える。もう数時間見ていても全く改善しない場合は、獣医師に相談する。ジェモセラピー治療薬が動物の状態改善の助けとなっている限りは、治療を続ける。効かなくなってきたならば、獣医師に相談することを勧める。

咳が慢性的なものならば、Lithy TreeとEuropean Walnutを勧める。

徴候と症状

- 呼吸困難の既往がある
- 呼吸困難がある
- 吐き出しにくさ

治療

- **Lithy Tree**
  - 猫：咳の頻度と強さに変化が見られるまで15分ごとに1-3滴。必要に応じて繰り返す。
  - 犬：咳の頻度と強さに変化が見られるまで15分ごとに5-10滴。必要に応じて繰り返す。
  - 馬：咳の頻度と強さに変化が見られるまで15分ごとに5-10滴。必要に応じて繰り返す。

- **Fig Tree**
  - 猫：咳の頻度と強さに変化が見られるまで15分ごとに1-3滴。必要に応じて繰り返す。
  - 犬：咳の頻度と強さに変化が見られるまで15分ごとに5-10滴。必要に応じて繰り返す。
  - 馬：咳の頻度と強さに変化が見られるまで15分ごとに5-10滴。必要に応じて繰り返す。

- **European Walnut**
  - 猫：咳の頻度と強さに変化が見られるまで15分ごとに1-3滴。必要に応じて繰り返す。
  - 犬：咳の頻度と強さに変化が見られるまで15分ごとに5-10滴。必要に応じて繰り返す。
  - 馬：咳の頻度と強さに変化が見られるまで15分ごとに5-10滴。必要に応じて繰り返す。

咳が慢性的なものならば、以下の方法を勧める。

- Lithy Tree と European Walnut
    - 猫：咳の頻度と強さに変化が見られるまで15分ごとに1-3滴。最大3日まで必要に応じて繰り返す。
    - 犬：咳の頻度と強さに変化が見られるまで15分ごとに5-10滴。最大3日まで必要に応じて繰り返す。
    - 馬：咳の頻度と強さに変化が見られるまで15分ごとに5-10滴。最大3日まで必要に応じて繰り返す。

覚えておくべきことは、犬や猫の咳が改善したならば、この治療薬を続ける。もし3日以内に何の改善も見られなかった場合は、獣医師による治療を受けなければならない。

膀胱炎

多くが猫、特に雄猫の問題であるが、犬や馬に起こることもある。膀胱の炎症の主要な原因のひとつはワクチンである。もしあなたのペットに膀胱や腎臓の既往があるならば、繰り返しのワクチン接種による二次的な障害のリスクを避けるために、決してワクチンを接種させてはいけない。ウェブサイト(英語)にワクチン接種の方法とその危険性について書かれている。www.thepetwhisperer.com

徴候と症状

- 頻尿
- 何度も排尿しようと試みるが出ない。
- 排尿時の痛み
- 切迫した排尿

治療

雄猫

閉塞が生じている場合や、閉塞の有無がわからない場合は、すぐに獣医師に相談する。尿路閉塞を起こした雄猫はとても衰弱し、昏睡状態になることが多い。雄猫の飼い主は、正常な膀胱の触診方法と、閉塞した場合の感触の違いを獣医師や動物看護士に教えてもらっておくことを勧める。

雄猫が閉塞を起こしていないと分かれば、以下のジェモセラピー治療薬を始める。

> **雄猫**：排尿しようとした時ごとに**Common Juniper**を3滴。

もし6回目の投与でも改善が見られなかったならば、**Black Currant**を3滴追加する。

尿道と膀胱の腫れを抑えるための**Common Juniper**と**Black Currant**をそれぞれ3滴ずつを6回行っても改善しないならば、獣医師に相談する。

雄猫が正常に排尿し始めたなら、排尿ごとに**Common Juniper** 3滴を与えることを繰り返す。

もし雄猫が何らかの排尿困難を生じていると気付けば、必要に応じて再び繰り返す。（**Common Juniper**を3滴）

上記の治療を雄猫に行うことで、獣医師の診察を勧めたりカテーテルを挿入することや尿道造瘻術を行わなくてもよくなる場合がある。

雌猫

雄猫と同様に扱えばよいが、雄猫との解剖学的な違いから、閉塞についてそれほど心配することはない。尿路感染の95%は無菌性であるため、症例の大部分は抗生物質を使う必要はない。

犬と馬

犬と馬においては、Common JuniperとSilver Birch（輸入禁止品種）を勧める。

犬：排尿しようとした時ごとにCommon Juniperを5-10滴。
馬：排尿しようとした時ごとにCommon Juniperを5-10滴。

少量の尿を頻回にしようとしたり、排尿時のいきみ、血尿などが排尿異常に含まれる。治療薬で改善が見られる限りにおいては、継続しても安全である。もしCommon Juniperを5あるいは6回試しても何の改善も見られないならば、Silver Birchを加える。

犬：排尿しようとした時ごとにCommon JuniperとSilver Birchを5-10滴。
馬：排尿しようとした時ごとにCommon JuniperとSilver Birchを5-10滴。

治療薬で改善がみられる限りは（治療薬の必要量が減ったり、頻度が減ったりするならば、効いているということである。）、継続しても安全である。改善がみられなければ、獣医師を訪ねることを勧める。

虫歯あるいは膿んだ歯

主に犬と猫の問題である。抜歯の必要のある歯を決めてもらうために獣医師にかからねばならないし、感染を治療するためには抗生物質も必要となる。

徴候と症状

- 悪臭
- 食べるときの痛み
- 歯肉の赤み
- 腫れ

治療

- **Common Birch**
  猫：獣医師の治療を受けるまで毎日 1-3 滴。
  犬：獣医師の治療を受けるまで毎日 4-10 滴。

変性性脊髄症

犬によく見られるが、猫にも起こりうる。脊椎の慢性炎症と不安定さの結果、脊柱の腹側に沿って骨棘が形成される。

徴候と症状

- 後肢の進行性麻痺
- 痛みを感じずに足の甲を引きずる
- 後肢の進行性の弱り
- 立っている時や歩いている時の後肢のふらつき

治療

- Mountain Pine、Black Currant、Giant Redwood、
  そして Common Birch
  猫：1日2回、それぞれを3-5滴。
  犬：1日2回、それぞれを3-5滴。

症状が出なくなったら、その後は解毒と脊椎の強化を助けるために毎週同量を与える。

合計6週間、以下の用量でCommon Juniperを全ての動物に与えることを勧める。

- Common Juniper
  猫：1日3-5滴のCommon Juniperを合計6週間。
  犬：1日3-5滴のCommon Juniperを合計6週間。

6週間後からは、上記と同量（3-5滴）を1週間に一度にして、肝臓と腎臓の解毒と強化を図る。

毎年春に開始し、6週間春の大掃除プロトコールを繰り返す。

糖尿病

馬よりも犬や猫によく見られる。私は糖尿病の馬を治療したことはないが、もし患者として来たならば、猫と同様に治療を行うだろう。馬は猫のように化学物質やワクチンに対してとても敏感であるため、私は馬を「馬の皮を被った猫」と呼んでいる。

糖尿病の患者すべてに対して穀物のない食事と、ワクチンやあらゆる化学物質を投与しないこと、そしてオーガニックエッセンシャルオイルのショウガで、肉球をマッサージしてあげるように指示する。ショウガのエッセンシャルオイルは糖尿病によく効き、血糖値を正常化する助けとなる。

徴候と症状

- 体重減少を伴う食欲増加
- 異常に飲水したがる
- 異常に多い排尿量
- 尿糖

治療

私はEuropean WalnutとHedge Mapleを勧める。

- **European WalnutとHedge Maple**
  猫：1日2回、それぞれを1-3滴。
  犬：1日2回、それぞれを5-10滴。
  馬：1日2回、それぞれを5-10滴。

合計6週間、以下の用量でCommon Juniperを全ての動物に与えることを勧める。

- Common Juniper
  猫：1日3-5滴のCommon Juniperを合計6週間。
  犬：1日3-5滴のCommon Juniperを合計6週間。
  馬：1日3-5滴のCommon Juniperを合計6週間。

6週間後からは、上記と同量（3-5滴）を1週間に一度にして、肝臓と腎臓の解毒と強化を図る。毎年春に開始し、6週間春の大掃除プロトコールを繰り返す。

下痢

動物に頻繁に起こる症状であり、慢性化しやすい。以下の治療薬で3日以内に改善が見られなければ、獣医師の助けを求める。

第一ステップは水以外の絶食である。犬や猫に対しては**Fig Tree**から始める。動物が下痢になるたびにこれを繰り返す。もし、3回行うまでに何の改善もなければ、同量の**Wine Berry**を加える。さらに3回行っても改善がなければ、**European Walnut**を加える。72時間以内に、下痢の改善や解消が見られた場合は、効果があったと言える。そうでなければ、獣医師を訪ねる。

徴候と症状

- 軟便〜水様便の排泄頻度の増加
- コントロールできない排便

治療

- **Fig Tree**
  猫：**Fig Tree**を1-3滴。
  犬：**Fig Tree**を5-10滴。
  馬：**Fig Tree**を5-10滴。

3回行うまでに下痢の改善が見られなければ同量の **Wine Berry** を加える。

　　猫：**Fig Tree**と**Wine Berry**を1-3滴。
　　犬：**Fig Tree**と**Wine Berry**を5-10滴。
　　馬：**Fig Tree**と**Wine Berry**を5-10滴。

3回行っても改善がなければ、**European Walnut**を加える。

　　猫：**Fig Tree**と**Wine Berry**、**European Walnut**を1-3滴。
　　犬：**Fig Tree**と**Wine Berry**、**European Walnut**を5-10滴。
　　馬：**Fig Tree**と**Wine Berry**、**European Walnut**を5-10滴。

下痢が72時間以内に解消しなければ、獣医師による治療を行ってもらう。

外陰部分泌物

外陰部からの分泌はたいてい、膣か子宮の感染によって生じる。ワクチンが原因となりうるため、外陰部からの分泌物がある犬にはワクチン接種は行わないことを勧める。この病気に対してはRaspberryとCommon Birch、Giant Redwoodを勧める。

徴候と症状

- 外陰部からの緑色、黄色、透明、あるいはクリーム状の分泌物
- 悪臭
- 発赤と痒み
- 外陰部周囲の被毛のべたつき
- 外陰部の腫れ

治療

- **Common Birch、Giant RedwoodとRaspberry**
    猫：分泌物がなくなるまで1日2回、それぞれを1-3滴。予防には同量を週に1回。
    犬：分泌物がなくなるまで1日2回、それぞれを5-10滴。予防には同量を週に1回。
    馬：分泌物がなくなるまで1日2回、それぞれを5-10滴。予防には同量を週に1回。

合計6週間、以下の用量でCommon Juniperを全ての動物に与えることを勧める。

- Common Juniper
    猫：1日3-5滴のCommon Juniperを合計6週間。
    犬：1日3-5滴のCommon Juniperを合計6週間。
    馬：1日3-5滴のCommon Juniperを合計6週間。

6週間後からは、上記と同量（3-5滴）を1週間に一度にして、肝臓と腎臓の解毒と強化を図る。

犬や猫の咬傷

犬や猫の咬傷は非常に苦痛であり、外科的治療や従来の医療措置の必要性を獣医師に判断してもらう必要がある。咬まれた動物に対しては非常に慎重にならなくてはならない。彼らはたいてい痛みに苦しんでおり、あなたが彼らを助けようとしたことが意図せず痛みを生じさせると、あなたが咬まれてしまうかもしれない。

安全を確保するためには、怪我をした動物に咬まれないように口輪やタオルでくるんでしまう。もしあなたがこのような状況でうまくやる自信がないならば、直ちにプロに頼ることを勧める。

徴候と症状

- 出血
- 排膿
- 感染
- 刺し傷
- 腫れ

治療

もし自分で、あるいは獣医師の助けを借りてペットを治すことを決めたならば、以下の単純な方法が治癒過程で役立つ。

1. 傷口を被毛が覆ってしまわないように、傷口の周りの毛を刈る。
2. 低刺激のシャンプーで傷口を洗い、完全にシャンプーを洗い流す。

洗浄した後の傷口をCalendula Tincture（約30ccの水に対して4滴）で洗い流すこともよい。傷口が二次的な感染を起こすことなく治癒するまで、毎日この方法を繰り返す。

動物の咬傷：

猫：7-10日間、1日2回Black Currant、Black Poplar、European Walnutそれぞれを5滴。

犬：7-10日間、1日2回Black Currant、Black Poplar、European Walnutそれぞれを5滴。

馬：7-10日間、1日2回Black Currant、Black Poplar、European Walnutそれぞれを5滴。

これは炎症や側副血行路の治療、感染予防を助ける。治療には1週間から10日以上かかることはない。この期間のうちに治癒が見られなければ、直ちに獣医師に掛かる。

注意：Black Poplarは短期間用の治療薬であり、4-5週間以上与えてはならない。

耳の感染

ほとんどの耳の感染は、一次的な原因である慢性疾患によって、二次的に酵母や細菌感染が起こったものである。これらの感染は二次的なものであり、薬では決してきれいにすることはできない。ワクチンや化学物質、薬剤、殺虫剤、除草剤、食物、遺伝的要因はこの問題に強く関わっている。そのため、慢性疾患の治療について理解している統合的な獣医師と共に治療をしていく必要がある。手術か、抗生物質や抗真菌剤のような抑制剤の使用かどちらかしかない、というような要素還元主義的な治療法に従う昔ながらの獣医師や、ステロイドを使用したことで、慢性疾患をより悪化させてしまうような獣医師を選んではならない。

あなたが動物の解毒と治癒を徹底的に行っている間、彼らが快適だと感じるように、耳を常にきれいにしておかねばならない。低刺激の耳洗浄剤、例えば**Wondercide**の**ALL EARS**（http://www.wondercide.com/ear-mite-treatment）のようなものを用いる。**All Ears**は全てが自然のシダーオイルベースの製品であり、ダニやその卵を殺す作用がある。また細菌や酵母感染にも優しく効果を発揮する。

洗浄剤を体温適度に温めることは、洗浄効果と動物の快適さにおいて非常に重要である。約2Lの熱湯に洗浄剤を入れたプラスチックボトルを入れ、15分間浸しておくだけでよい。温めた洗浄剤を耳に流し入れ、優しくマッサージする。動物が洗浄剤を除くために頭を振らせるだけでよい。耳がきれいになるまで繰り返す。耳がきれいな状態を維持できるだけの頻度でこれを行う。これを行うことにより、細菌や酵母の温床となる耳あかを除去することができる。

徴候と症状

- 耳だれ
- 耳の腫れ
- 痒み
- 耳からの悪臭

治療

主な治療薬はRowan TreeとBlack Currantである。以下の方法を勧める。

- **Rowan TreeとBlack Currant**
  猫：1日2回、それぞれを1-3滴。
  犬：1日2回、それぞれを5-10滴。

合計6週間、以下の用量でCommon Juniperを全ての動物に与えることを勧める。

- **Common Juniper**
  猫：1日3-5滴のCommon Juniperを合計6週間。
  犬：1日3-5滴のCommon Juniperを合計6週間。
  馬：1日3-5滴のCommon Juniperを合計6週間。

6週間後からは、上記と同量（3-5滴）を1週間に一度にして、肝臓と腎臓の解毒と強化を図る。毎年春に開始し、6週間春の大掃除プロトコールを繰り返す。

ミミダニ

猫に多いが、犬にも起こりうる。正確に診断するためには、動物の耳から耳あかを取り、顕微鏡下で実際の寄生虫体を観察することが必要である。しばしば黒い耳あかを分泌していると、ミミダニがあると思われる。たいていの場合はミミダニだが、時に慢性疾患の初期徴候であることもある。慢性的な耳だれの主たる原因はワクチンと化学物質である。もしあなたのペットが耳に問題を持っているならば、可能な限りワクチン接種やあらゆる化学物質の使用を控える。

最終的にミミダニの診断となったならば、温かいアーモンドオイルで治療を行う。温めたアーモンドオイルで耳を満たし、1分間あるいは動物がじっとしている間だけオイルを中に浸透させるように耳をマッサージする。ミミダニは生涯を耳道の中でのみ過ごすため、ダニを窒息させるようなイメージで行う。耳道で孵化するミミダニの全てを殺すために、1ヶ月間に渡って1日おきに行う。

徴候と症状

- 耳からの黒い分泌物
- 痒み
- 頭を振る

治療

ミミダニに対する主要なジェモセラピー治療薬として Black Currant と Rowan Tree、European Walnut を勧める。

- **Black Currant**
  猫：1日1-4回、1-3滴。
  犬：1日1-4回、5-10滴。

体の解毒と耳の寄生虫と毒素の除去を助けるために、犬に **Rowan Tree** と **European Walnut** を与える。耳だれが出なくなり、不快が消失するまでこの方法を続ける。

- Rowan TreeとEuropean Walnut
  犬：1日1回、5-10滴。

騒音恐怖症

騒音恐怖症とは、雷、銃声、水を流す音などの突然の騒音に対する恐怖症である。この問題を持つペットに対しては、ワクチンや神経毒性のある薬剤や化学物質を投与してはならない。**Lime Tree** や **Common Birch**、**Common Juniper** が助けとなる。

徴候と症状

- 騒音が聞こえると激しく吠える。
- 音から隠れる。
- 微かな、あるいは騒がしい音が聞こえると簡単に驚く。

治療

この状態に対する主要な治療薬は：

- Common BirchとLime Tree
  猫：恐怖症状に応じて1日1-4回、それぞれを3-5滴。
  犬：恐怖症状に応じて1日1-4回、それぞれを3-5滴。

合計6週間、以下の用量でCommon Juniperを全ての動物に与えることを勧める。

- Common Juniper
  猫：1日3-5滴のCommon Juniperを合計6週間。
  犬：1日3-5滴のCommon Juniperを合計6週間。
  馬：1日3-5滴のCommon Juniperを合計6週間。

6週間後からは、上記と同量（3-5滴）を1週間に一度にして、肝臓と腎臓の解毒と強化を図る。

毎年春に開始し、6週間春の大掃除プロトコールを繰り返す。

食物や廃棄物による中毒

中毒症状が完全に消えてしまうまで、ペットに食事を与えないことを勧める。その間も、飲んだ物によって吐いてしまわない限りは、十分に水が飲めるようにしておく。

また、飲み水に100% New Zealand Bovine Colostrum（詳しくは、p128参照）を添加し、ペットには飲みたいだけ飲ませることを勧める。Fig TreeとCommon Juniperは消化管の解毒と強化を助けるジェモセラピー治療薬である。

徴候と症状

- 腹部痛
- 胃捻転
- 下痢
- 食欲不振
- 悪心
- 嘔吐

治療

約120ccの水に500mgの初乳を溶かすことで、100% New Zealand Bovine Colostrum (ニュージーランドの牛の初乳) を与える。消化管の解毒と強化を助けるために、好きなだけ飲ませる。100% New Zealand Bovine Colostrumの詳しい内容は、p129参照。

- **Fig Tree**
  猫：安定するまでは1時間おきに3-5滴。普通に食べれるようになるまでは1日2回。
  犬：安定するまでは1時間おきに3-5滴。普通に食べれるようになるまでは1日2回。

合計6週間、以下の用量でCommon Juniperを全ての動物に与えることを勧める。

- **Common Juniper**
  猫：1日3-5滴のCommon Juniperを合計6週間。
  犬：1日3-5滴のCommon Juniperを合計6週間。
  馬：1日3-5滴のCommon Juniperを合計6週間。

6週間後からは、上記と同量(3-5滴)を1週間に一度にして、肝臓と腎臓の解毒と強化を図る。毎年春に開始し、6週間春の大掃除プロトコールを繰り返す。

ウジ

予防できる疾患である。ハエに悩まされないためには、免疫系が強くなければいけない。解毒と免疫系の構築を助けるために、局所と内服の両方でジェモセラピー治療薬を与えることを提案する。

徴候と症状

- 出血
- かさぶた
- 痒み
- 体や耳の脱毛

治療

局所には数滴のEuropean Walnutをウジ予防のために垂らし、耳にはホメオパシーのCalendula creamを治癒に必要なだけ数滴落とすことを勧める。

内服には、ハエをはね返すのを助けるEuropean WalnutとRye Grainを勧める。

- European WalnutとRye Grain
  犬：ハエをはね返すことができるまで、1日2回5-10滴。
  馬：ハエをはね返すことができるまで、1日2回5-10滴。

合計6週間、以下の用量でCommon Juniperを全ての動物に与えることを勧める。

- Common Juniper
  猫：1日3-5滴のCommon Juniperを合計6週間。
  犬：1日3-5滴のCommon Juniperを合計6週間。
  馬：1日3-5滴のCommon Juniperを合計6週間。

6週間後からは、上記と同量（3-5滴）を1週間に一度にして、肝臓と腎臓の解毒と強化を図る。毎年春に開始し、6週間春の大掃除プロトコールを繰り返す。

エノコログサや異物

犬と猫の問題であり、馬には見られない。もし犬がエノコログサのある草場にいき、激しく頭を振り始めたり、耳を掻き始めたら、それは恐らくエノコログサが耳の中に入り込み痛みを感じているということである。その時は、犬が快適になったと感じるまで、耳をアーモンドオイルで満たし、周囲を優しくマッサージする。犬が頭を振ってオイルを出そうとすると、周囲にオイルが飛び散るので、屋外で行うことを勧める。

このマッサージは、エノコログサが動物を直接刺激しないように、エノコログサを軟らかくする。またさらに頭を振った時にエノコログサが飛び出ることも期待している。犬が快適さを取り戻すまで何度も繰り返すことができる。これによってあなたはかかりつけの獣医師の病院が開くまで待つことができ、動物病院の緊急受付に行かなくても済む。これはあなたの動物を救い、あなたの恐怖と不快を取り除き、多額のお金も節約できるのである！

徴候と症状

- ひどく舐めたり掻きむしる。
- 浸出液のある傷口
- 頭を振る、あるいはくしゃみ
- 腫れ

治療

この状況に対する主要な治療薬は**Rowan Tree**と**Black Currant**である。以下の方法を勧める：

- Rowan Tree と Black Currant
  猫：1日2回、それぞれを1-3滴。
  犬：1日2回、それぞれを1-3滴。

歯肉炎と口内炎

歯肉炎は慢性疾患の徴候であり、そのように取り扱わねばならない。感染は二次的なものであり、手術や抗生物質の必要があるかどうか獣医師に判断してもらわねばならない。

加工していない骨をかじらせることを勧める。犬には牛の肋骨を、猫には鶏の手羽の骨を与える。口腔内をきれいにする骨の役目を果たすには1日15分だけでよく、歯や歯肉の健康を保つのに必要なだけ行えばよい。

徴候と症状

- 悪臭
- 歯肉の発赤
- 歯肉の腫れ

治療

- Rowan Tree と European Walnut
  猫：治癒するまで1日2回、1-3滴。
  犬：治癒するまで1日2回、5-10滴。
  馬：治癒するまで1日2回、5-10滴。

- Common Juniper
    - 猫：1日3-5滴のCommon Juniperを合計6週間。
    - 犬：1日3-5滴のCommon Juniperを合計6週間。
    - 馬：1日3-5滴のCommon Juniperを合計6週間。

合計6週間、以下の用量でCommon Juniperを全ての動物に与えることを勧める。

6週間後からは、上記と同量（3-5滴）を1週間に一度にして、肝臓と腎臓の解毒と強化を図る。

毎年春に開始し、6週間春の大掃除プロトコールを繰り返す。

心臓病

この疾患の動物には、決してワクチンや神経毒性のある薬や化学物質を与えてはならない。心臓と消化器、そして免疫系を強化するのを助ける100% New Zealand Bovine Colostrumを与えることが必要である。

徴候と症状

- 肺うっ血
- 労作時や睡眠中の発咳
- 労作時、あるいは安静時の呼吸困難
- 失神

治療

- 体重の約11kgごとに500mgの100% **New Zealand Bovine Colostrum** を1日2回与える。

- **Black Currant**、**English Hawthorn**、**European Alder**、**European Olive**
  猫：1日2回、それぞれを3-5滴。
  犬：1日2回、それぞれを3-5滴。

- **Common Juniper**
  猫：1日3-5滴の **Common Juniper** を合計6週間。
  犬：1日3-5滴の **Common Juniper** を合計6週間。

合計6週間、以下の用量で **Common Juniper** を全ての動物に与えることを勧める。

6週間後からは、上記と同量（3-5滴）を1週間に一度にして、肝臓と腎臓の解毒と強化を図る。

毎年春に開始し、6週間春の大掃除プロトコールを繰り返す。

股関節形成不全

たいてい犬に診断されるものである。**Wild Woodvine** と **Common Birch** を症状がなくなるまで与え、その後は解毒と関節の強化のために、週に1回あるいは必要に応じて与えることを勧める。

徴候と症状

- 立ち上がりにくさ
- うねり歩行
- 腰部の奇形
- 痛みのある硬直した後肢
- 不快を和らげるために座った時、膝を近づけた姿勢になる。
- 股関節の痛みのために起立や歩行時に膝を近づけた姿勢になる。

治療

- Common BirchとWild Woodvine
  犬：症状がなくなるまで1日2回、それぞれを5-10滴与え、その後は解毒と関節の強化のために週に1回あるいは必要に応じて与える。

- Common Juniper
  猫：1日3-5滴のCommon Juniperを合計6週間。
  犬：1日3-5滴のCommon Juniperを合計6週間。
  馬：1日3-5滴のCommon Juniperを合計6週間。

合計6週間、以下の用量でCommon Juniperを全ての動物に与えることを勧める。

6週間後からは、上記と同量（3-5滴）を1週間に一度にして、肝臓と腎臓の解毒と強化を図る。

毎年春に開始し、6週間春の大掃除プロトコールを繰り返す。

急性湿疹（hotspots）

ペットの飼い主がよく直面する状況として、急性炎症がある。これはノミやハエ、ダニに咬まれることで起こりうる。あるいは化学物質や花粉、あらゆる毒物などの刺激性物質がアレルギー反応を引き起こすこともある。私は何百、あるいは何千のアレルギー反応を起こした症例を見てきたが、以下の方法を行うとペットの不快感を非常によく取り除けることを実感している。

犬はしばしば急性湿疹や発疹、あるいは痒みという皮膚症状を通してアレルギー反応を呈する。**Black Currant**は、あらゆる徴候に非常によく、必要に応じて以下の用量を与える。

徴候と症状

- 皮膚が傷つくほどに咬んで掻く
- 乾燥した、あるいは湿った外観
- 痒み
- 脱毛
- 腫れ

治療

動物が何らかの毒物や刺激物に接触した場合は、まず最初に低刺激のシャンプーで洗う必要がある。動物を風呂に入れる前に以下の治療薬を与える：

- **Black Currant**
  猫：動物が快適だと感じるまで15分ごとに4-10滴与え、その後は必要に応じて与える。
  犬：動物が快適だと感じるまで15分ごとに4-10滴与え、その後は必要に応じて与える。
  馬：動物が快適だと感じるまで15分ごとに4-10滴与え、その後は必要に応じて与える。

- 局所的には、刺激を生んでいる炎症を減らすために約30ccの水にBlack Currantを1滴垂らした溶液を腫れたりかゆみのある部分につける。

これらのチンキ剤は経皮的に与えることができ、目以外の全ての体表面に使うことができる。目の周りにも擦り込むことはできるが、目に対する潜在的な刺激性があるため、目の中には入れてはいけない。もし目に入ってしまった時には、動物が快適になるまで水で十分に洗い流す。

- **Common Juniper**
  猫：1日3-5滴のCommon Juniperを合計6週間。
  犬：1日3-5滴のCommon Juniperを合計6週間。
  馬：1日3-5滴のCommon Juniperを合計6週間。

合計6週間、以下の用量でCommon Juniperを全ての動物に与えることを勧める。

6週間後からは、上記と同量（3-5滴）を1週間に一度にして、肝臓と腎臓の解毒と強化を図る。

毎年春に開始し、6週間春の大掃除プロトコールを繰り返す。

前房蓄膿（眼疾患）

前房蓄膿として知られる角膜背部の蓄膿は、猫と犬に起こりうる。このような状況が生じた場合は、直ちに獣医師に掛かることを勧める。

徴候と症状

- 眼房内部の脱色
- 眼房内部の膿

治療

目が治癒するまで、以下を勧める：

- Black Currant、Common Birch、Hedge Maple
  猫：目が治癒するまで1日2回、それぞれを3-5滴。
  犬：目が治癒するまで1日2回、それぞれを3-5滴。

- Common Juniper
  猫：1日3-5滴のCommon Juniperを合計6週間。
  犬：1日3-5滴のCommon Juniperを合計6週間。

合計6週間、以下の用量でCommon Juniperを全ての動物に与えることを勧める。

6週間後からは、上記と同量（3-5滴）を1週間に一度にして、肝臓と腎臓の解毒と強化を図る。

毎年春に開始し、6週間春の大掃除プロトコールを繰り返す。

感染

動物によく見られる感染の部位は、皮膚、耳、目、肺、膀胱、腎臓、肝臓、膵臓、中枢神経系、血液（体循環）、リンパ循環などさまざまある。感染の原因は、健康状態が最善ではないことである。感染性の細菌やウイルス、真菌はもともと動物の体内や環境中にありふれており、体が恒常性を維持した状態であれば、これらの微生物と共生関係を築ける。体が肉体的あるいは精神的なストレスの二次的反応により弱っていると、これらの微生物の過剰増殖を受けやすくなり、二次的な感染を引き起こす。

徴候と症状

- 体温上昇
- 白血球数の増加
- 発熱
- 炎症

治療

- European WalnutとHedge Maple
  猫：1日2回、3-5滴。
  犬：1日2回、3-5滴。
  馬：1日2回、3-5滴。

椎間板疾患（すべり症）

たいてい犬に見られるが、猫にも起こりうる。背骨の慢性炎症や不安定により脊柱の腹側面に沿って骨棘が形成される。

徴候と症状

- 痛み
- 後肢の麻痺
- 急性発症
- 衰弱

治療

- Black Currant、Common Birch、Mountain Pine
  猫：1日2回、3-5滴。
  犬：1日2回、3-5滴。

合計6週間、以下の用量でCommon Juniperを全ての動物に与えることを勧める。

- Common Juniper
  猫：1日3-5滴のCommon Juniperを合計6週間。
  犬：1日3-5滴のCommon Juniperを合計6週間。

6週間後からは、上記と同量（3-5滴）を1週間に一度にして、肝臓と腎臓の解毒と強化を図る。

掻痒

犬が、過敏な物質に接触すると、狂ったように痒がることはよく知られている。この痒みは化学物質や植物性物質、アレルギーのある食物、ワクチン、薬に接触することで引き起こされる。第一段階として、可能な限りその原因物質を排除し、局所的に接触した物質を取り除くために、必要なだけ風呂に入れる。掻痒は多くの場合において慢性疾患のサインである。この症状があらわれたら、治癒のエネルギー論をよく理解している統合力のある獣医師に相談するとよい。

犬と猫における痒みの主たる原因はワクチンである。生後間もない子犬や子猫にのみワクチン接種は許されるが、それ以降の動物には決して接種させないことを強く勧める。また、アレルギー素因の見られる猫や犬にはあらゆるワクチン接種を勧めない。

徴候と症状

- ひどく舐めたり掻きむしる。

治療

犬や猫、馬の痒みの治療薬はBlack Currantである。動物に何らかの有毒物質や刺激物質が接触したならば、はじめにラベンダーベースの低刺激性シャンプーで風呂に入れねばならない。風呂に入れる前に、動物に以下の用量でBlack Currantを与える：

- **Black Currant**
  猫：快適になるまで15分ごとに5-10滴与え、その後は必要に応じて与える。
  犬：快適になるまで15分ごとに5-10滴与え、その後は必要に応じて与える。
  馬：快適になるまで15分ごとに5-10滴与え、その後は必要に応じて与える。

これらのチンキ剤は経皮的に与えることができ、目以外の全ての体表面に使うことができる。目の周りにも擦り込むことはできるが、目に対する潜在的な刺激性があるため、目の中には入れてはいけない。もし目に入ってしまった時には、水で十分に洗い流す。

- 局所的には、刺激を生んでいる炎症を減らすために約30ccの水に**Black Currant**を1滴垂らした溶液を腫れたり痒みのある部分につける。

もし痒みが慢性的（月あるいは年単位で続いている）ならば、**Black Currant**とともに**Cedar of Lebanon**を用いることを勧める。

- **Cedar of Lebanon**と**Black Currant**
  猫：1日2回、1-3滴。
  犬：1日2回、5-10滴。
  馬：1日2回、5-10滴。

合計6週間、以下の用量で**Common Juniper**を全ての動物に与えることを勧める。

- **Common Juniper**
  猫：1日3-5滴の**Common Juniper**を合計6週間。
  犬：1日3-5滴の**Common Juniper**を合計6週間。
  馬：1日3-5滴の**Common Juniper**を合計6週間。

6週間後からは、上記と同量（3-5滴）を1週間に一度にして、肝臓と腎臓の解毒と強化を図る。

毎年春に開始し、6週間春の大掃除プロトコールを繰り返す。

腎不全

猫と犬の両方に非常によく見られる全身性の障害である。ワクチンや薬、化学物質がこの状態の原因や引き金となる。もしあなたのペットが腎不全の徴候を示したならば、直ちに獣医師を受診するよう勧める。本当に腎不全であるのかどうかを確かめるために、すぐに血液検査と尿検査を行うべきである。

徴候と症状

- やたらと水を飲みたがる
- 尿量の増加
- 食欲不振
- 体重減少
- 口からの悪臭
- 嘔吐
- 昏睡
- 衰弱

治療

- Black Currant、Common Birch、Silver Birch（輸入禁止品種）
  猫：1日2回、3-5滴。
  犬：1日2回、3-5滴。

もし猫や犬が水和するのに十分なだけ水を飲まないならば、新鮮な濾過された水と温めた輸液剤を皮下投与することを勧める。

また合計6週間、以下の用量でCommon Juniperを全ての動物に与えることも勧める。

- Common Juniper
  猫：1日3-5滴のCommon Juniperを合計6週間。
  犬：1日3-5滴のCommon Juniperを合計6週間。

6週間後からは、上記と同量（3-5滴）を1週間に一度にして、肝臓と腎臓の解毒と強化を図る。

毎年春に開始し、6週間春の大掃除プロトコールを繰り返す。

肝障害

猫や犬に見られる。この疾患の動物には決してワクチン接種や神経毒性のある薬や化学物質を与えてはならない。肝臓の強化を助けるために100% New Zealand Bovine Colostrumを与える必要がある。Black Currant、Common Birch、Common JuniperとRosemaryを肝機能が正常に戻るまで与えるべきであり、その後は維持と予防のために週に1回与えていく。

徴候と症状

- 食欲不振
- 喉の渇きと尿量の増加
- 悪心
- 黄疸の傾向
- 胆汁の嘔吐
- 体重減少

治療

- 体重の約11kgごとに500mgの100% New Zealand Bovine Colostrum を1日2回与える。

- Black Currant、Common Birch、Rosemary
  猫：1日2回、3-5滴。
  犬：1日2回、3-5滴。

- Common Juniper
  猫：1日3-5滴のCommon Juniperを合計6週間。
  犬：1日3-5滴のCommon Juniperを合計6週間。

合計6週間、以下の用量でCommon Juniperを全ての動物に与えることも勧める。

6週間後からは、上記と同量(3-5滴)を1週間に一度にして、肝臓と腎臓の解毒と強化を図る。

毎年春に開始し、6週間春の大掃除プロトコールを繰り返す。

疥癬

犬の疥癬は主にヒゼンダニ症（接触感染）と毛包虫症（非接触感染）の2種類である。ヒゼンダニ症は非常に痒く、人やその他の動物からもらうことがある。治療には他の方法を用いる必要があるが、以下のジェモセラピー治療薬を用いることで治癒を助けることができる。

2種類の疥癬のどちらにおいても、痒みと副腎機能の促進のためにBlack Currantを、感染と寄生虫に対する動物の抵抗力を高めるためにEuropean Walnutを、そして皮膚の解毒と皮膚の治療促進を助けるためにRye Grainを勧める。

徴候と症状

- 毛包周囲の発疹
- 痒み
- 脱毛（限局性あるいは全身性）

治療

- Black Currant、European Walnut、Rye Grain
  犬：あらゆる疥癬症状がなくなるまで、1日1回5-10滴。

- Common Juniper
  猫：1日3-5滴のCommon Juniperを合計6週間。
  犬：1日3-5滴のCommon Juniperを合計6週間。

6週間後からは、上記と同量（3-5滴）を1週間に一度にして、肝臓と腎臓の解毒と強化を図る。

毎年春に開始し、6週間春の大掃除プロトコールを繰り返す。

鼻出血

鼻出血はしばしばエノコログサによって引き起こされる。もし犬がエノコログサ（アザミ）の生えている場所を散歩した後にくしゃみをし始めたならば、エノコログサが鼻の穴の中に入ってしまったかもしれないと考えるべきである。犬の鼻の中に5-10滴のアーモンドオイルを垂らすと、エノコログサがくしゃみで出やすくなり、鼻の奥に入るのを防ぐこともできる。くしゃみが続くようならば、獣医師に相談すべきである。

徴候と症状

- 鼻からの出血
- くしゃみ

治療

- Briar Rose
  犬：くしゃみが止まるまで15分ごとに5-10滴。

30分以内にくしゃみが改善しなければ、獣医師を受診する。

過熱

運動による極端な発熱によって起こる疾患であり、犬と馬に多く見られる。犬や馬に運動をさせる時には、体温に注意を払わねばならない。頻繁にクールダウンさせ、常に体量の水を用意し、いつでも日陰に入れるようにしておかねばならない。

それでも動物が過熱状態になったならば、頭や耳、首の周りに氷のパックを当てると血液をより速く冷やすことができる。

徴候と症状

- 体温上昇
- 昏睡
- パンティング
- 弱って伏せる

治療

Black CurrantとCommon Birch、Lime Treeから始める。動物の呼吸が普段通りの楽なものに戻るまで、これを行う。同日に再び過熱状態になりそうならば、さらなる運動は控えた方がよい。

- Black Currant、Common Birch、Lime Tree
  犬：楽そうになるまで5分ごとに5-10滴。
  馬：楽そうになるまで5分ごとに5-10滴。

産褥期

動物を交配させた直後から仔が離乳するまで100% New Zealand Bovine Colostrumを勧める。猫や犬が陣痛に入ったならば、RaspberryとBlack Currantを与えることを勧める。

徴候と症状

- 膣からの異常な分泌物
- 筋けいれん
- 異常なほど何かを求めているような行動
- 異常なほどの落ち着きのなさ
- 怒りっぽい
- 子犬や子猫への母乳の欠乏
- 哺育能力の欠乏
- 子犬や子猫への拒絶
- 胎盤や胎児の分娩遅延

治療

- 体重の約11kgごとに500mgの100% **New Zealand Bovine Colostrum**を交配前から仔の離乳まで1日1回与える。
- 最後の仔を産み終えたら、膣からの分泌物がなくなるまで1日2回100% **New Zealand Bovine Colostrum**を続ける。

猫や犬が陣痛に入ったら、以下を勧める：

- **Raspberry**、**Black Currant**
  猫：陣痛の間1時間ごとに3-5滴。
  犬：陣痛の間1時間ごとに3-5滴。

前立腺疾患

犬に起こる疾患である。前立腺に問題のある動物に対しては、決してワクチンやノミ・ダニ薬、あるいは化学物質やフィラリア予防薬を使ってはならない。前立腺の大きさが元に戻り、身体症状もなくなるまで、**Black Currant**と**Rosemary**、**Common Birch**を勧める。その後は、同量を週ごとに与えるとよい。

徴候と症状

- 血尿
- 頻尿で、尿はわずかしか出ない
- 排尿時痛
- 1日に何度も少量の尿をする
- 尿が出ないのにいきむ

治療

- Black Currant、Common Birch、Rosemary
  犬：前立腺の大きさが元に戻り、身体症状もなくなるまで1日2回、それぞれを5-10滴。

その後は毎週1回ずつ、それぞれを5-10滴与えるとよい。

- Common Juniper
  猫：1日3-5滴のCommon Juniperを合計6週間。
  犬：1日3-5滴のCommon Juniperを合計6週間。

また合計6週間、上記の用量でCommon Juniperを全ての動物に与えることも勧める。

6週間後からは、上記と同量(3-5滴)を1週間に一度にして、肝臓と腎臓の解毒と強化を図る。

毎年春に開始し、6週間春の大掃除プロトコールを繰り返す。

ガマ腫

主に犬に見られる珍しい疾患である。犬におけるガマ腫の主要な引き金はたいていワクチン接種である。ガマ腫の既往のある犬にはワクチンを接種させないことを勧める。

徴候と症状

- 舌の下の腫れ
- 液体が充満した軟らかい腫瘤

治療

- European Walnut、Rowan Tree
  犬：歯肉が治癒するまで1日2回、それぞれを5-10滴。

- Common Juniper
  猫：1日3-5滴のCommon Juniperを合計6週間。
  犬：1日3-5滴のCommon Juniperを合計6週間。

6週間後からは、上記と同量（3-5滴）を1週間に一度にして、肝臓と腎臓の解毒と強化を図る。

毎年春に開始し、6週間春の大掃除プロトコールを繰り返す。

停留精巣

主に犬に見られる疾患である。ワクチン接種がこの状態の引き金になりうるため、12週齢なるまでの子犬にはワクチン接種しないか、ワクチン接種を行わないことを勧める。

12週目でワクチン接種を行うのならば、パルボウイルスのワクチンだけを接種し、その2週間後にジステンパーのワクチン接種を行う。この時に他のワクチンを決して打ってはならないし、狂犬病ワクチンを接種する時にも同時に他のワクチンを接種してはいけない。

徴候と症状

- 陰嚢内に1つあるいは両方の精巣の欠如

治療

- Common Birch、European Walnut

犬：1日2回、3-5滴。精巣が降りてくるまで毎日続ける。

白癬

猫によく見られる真菌感染であるが、馬や犬にも起こりうる。Rye GrainとPrim Wort、English Elmは動物の治癒を助ける3つの主要な治療薬である。

他の動物や人に接触感染する。あなたの家や周囲の動物におけるこの問題の取り扱いに関しては、獣医師に相談し専門的な処置を行う。

徴候と症状

- 円形の脱毛
- かさぶた
- 痒み
- 腫れ

治療

- **English Elm、Prim Wort、Rye Grain**
  猫：治癒するまで1日2回、それぞれを1-3滴。
  犬：治癒するまで1日2回、それぞれを5-10滴。
  馬：治癒するまで1日2回、それぞれを5-10滴。

皮膚感染症や発疹

全ての皮膚の発疹はたいてい、体内の問題が皮膚を通して露見した外見上の症状であるか、あるいは環境中の何らかの物質、例えば外部寄生虫や刺激性のある化学物質、植物性の物質などと接触したことによって生じる症状である。最初にするべきなのは、皮膚に優しいシャンプーで皮膚をきれいにすることである。シャンプーで二度洗いするかどうかは、臭いと、触ったら汚いと感じるかどうかで決める。

発疹や感染を初めて発症し、慢性的な皮膚問題の既往もないたいていの動物は、Black CurrantとEuropean Walnut、Rye Grainの使用によく反応する。

徴候と症状

- 痒み
- 悪臭
- 浸出物
- 触られると痛がる
- 発赤
- かさぶた
- 腫れ

治療

もし動物が何らかの毒物や刺激物に接触したならば、最初に低刺激のシャンプーで洗う必要がある。動物を風呂に入れる前に以下の治療薬を与える：

- Black Currant
  猫：動物が快適だと感じるまで15分ごとに4-10滴与え、その後は必要に応じて与える。
  犬：動物が快適だと感じるまで15分ごとに4-10滴与え、その後は必要に応じて与える。

  馬：動物が快適だと感じるまで15分ごとに4-10滴与え、その後は必要に応じて与える。

たいていは、治療を1-4回繰り返すと動物が快適そうになるため、その後はBlack CurrantとEuropean Walnut、Rye Grainを以下の維持量にする：

- Black Currant
  猫：皮膚が治癒するまで1日2回、1-3滴。
  犬：皮膚が治癒するまで1日2回、5-10滴。
  馬：皮膚が治癒するまで1日2回、5-10滴。

- European Walnut
  猫：皮膚が治癒するまで1日2回、1-3滴。
  犬：皮膚が治癒するまで1日2回、5-10滴。
  馬：皮膚が治癒するまで1日2回、5-10滴。

これらのチンキ剤は経皮的に与えることができ、目以外の全ての体表面に使うことができる。目の周りにも擦り込むことはできるが、目に対する潜在的な刺激性があるため、目の中には入れてはいけない。もし目に入ってしまった時には、動物が快適になるまで水で十分に洗い流す。

- 局所には、約30ccの水にBlack CurrantとEuropean Walnutをそれぞれ1滴ずつ混ぜたものを腫脹や痒みのある部分につけ、刺激によって生じている炎症を抑える。

合計6週間、以下の用量でCommon Juniperを全ての動物に与えることも勧める。

- **Common Juniper**
    猫：1日3-5滴のCommon Juniperを合計6週間。
    犬：1日3-5滴のCommon Juniperを合計6週間。
    馬：1日3-5滴のCommon Juniperを合計6週間。

6週間後からは、上記と同量（3-5滴）を1週間に一度にして、肝臓と腎臓の解毒と強化を図る。毎年春に開始し、6週間春の大掃除プロトコールを繰り返す。

ヘビによる咬傷

ヘビの咬傷は非常に危険であり、直ちに動物病院を受診しなくてはならない。ここに紹介するやり方は、治癒過程を手助けしてくれる。咬み傷に直接エッセンシャルオイルの精製したブレンドを垂らし、痛みがなくなるまで15分ごとに繰り返すことを勧める。痛みが治まったならば、必要に応じて、あるいは1日2回、完全に傷が治癒するまで繰り返す。このオイルの入手についてはウェブサイト(英語)に紹介してある：
http://thepetwhisperer.younglivingworld.com/

徴候と症状

- 出血
- あざ
- 昏睡
- 痛み
- 刺し傷

治療

- Black CurrantとBlack Poplar、European Walnut
  猫：7-10日間に渡り1日2回、それぞれを5滴。
  犬：7-10日間に渡り1日2回、それぞれを5滴。
  馬：7-10日間に渡り1日2回、それぞれを5滴。

炎症や側副血行路の治癒を助け、感染予防となる。治癒に1週間から10日以上かけてはならない。もし治癒がこの期間内に起こらなければ、直ちに獣医師を受診する。

注意：Black Poplarは短期間用の治療薬であり、4-5週間以上与えてはならない。

くしゃみや鼻づまり

くしゃみや鼻づまりはたいてい、鼻からの分泌やくしゃみを引き起こす炎症状態によるものであり、鼻腔内の問題で蓄積された有毒物の二次的な障害である。

ワクチン接種や、局所あるいは経口で、化学物質を投与した後にこの症状が生じることがある。また、細菌やウイルス、真菌感染の二次的な障害などもある。この感染は体の鼻腔部分を弱らせ、これらの微生物の異常増殖を許すような有毒物の二次的な影響で生じる。

徴候と症状

- 鼻からの分泌
- くしゃみの症状
- 呼吸のしにくさ
- 呼吸時の鼻から出る音
- 素早い不随意の症状

治療

この疾患に対する主たる治療薬はRowan TreeとBlack Currantである。私は以下の方法を勧める：

- **Rowan Tree、Black Currant**
  猫：1日2回、それぞれを1-3滴。
  犬：1日2回、それぞれを5-10滴。

もし、くしゃみや鼻詰まりがアレルギーによって生じているのならば、以下を始める：

- **Briar Rose、Black Currant**
  猫：改善が見られるまで15分ごとにそれぞれを1-3滴与え、必要に応じて中断を繰り返す。
  犬：改善が見られるまで15分ごとにそれぞれを5-10滴与え、必要に応じて中断を繰り返す。

鼻の問題の引き金は多くの場合過剰なワクチン接種や動物が接触した有毒な化学物質である。

脊椎炎

犬によく見られるが、猫にも起こりうる。脊椎の慢性炎症と不安定さの結果、脊柱の腹側に沿って骨棘が形成される。毎日Mountain PineとBlack Currant、Common Birchで治療することを勧める。何の症状も示さなくなったら、その後は脊椎の解毒と強化を助けるために週に1回同量を与える。

徴候と症状

- 脊椎の石灰化
- 起き上がりや座ることが困難
- 跳び上がることが困難
- 痛みがあり、硬い背中

治療

- **Black Currant、Common Birch、Mountain Pine**
  猫：1日2回、それぞれを3-5滴。
  犬：1日2回、それぞれを3-5滴。

症状がなくなったら、その後は脊椎の解毒と強化を助けるために週に1回3-5滴を与える。

合計6週間、以下の用量でCommon Juniperを全ての動物に与えることも勧める。

- Common Juniper
  猫：1日3-5滴のCommon Juniperを合計6週間。
  犬：1日3-5滴のCommon Juniperを合計6週間。

6週間後からは、上記と同量（3-5滴）を1週間に一度にして、肝臓と腎臓の解毒と強化を図る。

毎年春に開始し、6週間春の大掃除プロトコールを繰り返す。

捻挫や筋違え

猫よりも犬に多く発生する。治療は両方の動物において同じである。Wild Woodvine、European Grape Vine、Common Juniper、Common Birchを与えることを勧める。

徴候と症状

- 跛行
- 痛み
- 硬直
- 腫れ

治療

- European Grape Vine、Common Birch、Wild Woodvine
  猫：1日2回、それぞれを3-5滴。
  犬：1日2回、それぞれを3-5滴。

症状がなくなるまでは毎日続け、その後は関節の解毒と強化のために週に1回あるいは必要に応じて与える。

合計6週間、以下の用量でCommon Juniperを全ての動物に与えることも勧める。

- Common Juniper
  猫：1日3-5滴のCommon Juniperを合計6週間。
  犬：1日3-5滴のCommon Juniperを合計6週間。

6週間後からは、上記と同量（3-5滴）を1週間に一度にして、肝臓と腎臓の解毒と強化を図る。

毎年春に開始し、6週間春の大掃除プロトコールを繰り返す。

甲状腺疾患（甲状腺機能亢進症）

甲状腺に対する免疫反応を起こすワクチンが引き金となって発症することがある。甲状腺機能亢進症（過剰反応、たいていは猫で見られる）か、甲状腺機能低下症（反応低下、たいていは犬に見られる）のどちらかの形を取る。甲状腺に何らかの機能不全のある動物に対しては、ワクチンや化学物質、薬を用いないことを勧める。

肝臓や心臓、消化器や免疫系の強化を手助けするために、100% New Zealand Bovine Colostrumを与えることを勧める。

徴候と症状

- 血圧の上昇
- 体重減少を伴う食欲増進
- 心拍数の増加
- 嘔吐

治療

- 体重の約11kgごとに500mgの100% **New Zealand Bovine Colostrum** を1日2回与える。

- **Bloodtwig Dogberry**
  猫：1日2回、3-5滴。
  犬：1日2回、3-5滴。

甲状腺の値が正常になるまで続け、その後は予防のために週に1回とする。

合計6週間、以下の用量で **Common Juniper** を全ての動物に与えることも勧める。

- **Common Juniper**
  猫：1日3-5滴の **Common Juniper** を合計6週間。
  犬：1日3-5滴の **Common Juniper** を合計6週間。

6週間後からは、上記と同量（3-5滴）を1週間に一度にして、肝臓と腎臓の解毒と強化を図る。毎年春に開始し、6週間春の大掃除プロトコールを繰り返す。

甲状腺疾患（甲状腺機能低下症）

甲状腺に対する免疫反応を起こすワクチンの過剰投与が引き金となることがある。甲状腺機能亢進症（過剰反応、たいていは猫に見られる）か、甲状腺機能低下症（反応低下、たいていは犬に見られる）のどちらかの形を取る。甲状腺に何らかの機能不全のある動物に対しては、ワクチンや化学物質、薬を用いないことを勧める。

肝臓や心臓、消化器や免疫系の強化を手助けするために、100% **New Zealand Bovine Colostrum** を与えることを勧める。

徴候と症状

- 便秘
- 被毛の乾燥
- 異常な食欲
- 脱毛
- 辛抱できなくなる
- 体重増加

治療

- 体重の約11kgごとに500mgの100% **New Zealand Bovine Colostrum** を1日2回与える。

- **Bloodtwig Dogberry**
  猫：1日2回、3-5滴。
  犬：1日2回、3-5滴。

甲状腺の値が正常になるまで続け、その後は予防のために週に1回とする。

合計6週間、以下の用量でCommon Juniperを全ての動物に与えることも勧める。

- Common Juniper
  猫：1日3-5滴のCommon Juniperを合計6週間。
  犬：1日3-5滴のCommon Juniperを合計6週間。

6週間後からは、上記と同量(3-5滴)を1週間に一度にして、肝臓と腎臓の解毒と強化を図る。毎年春に開始し、6週間春の大掃除プロトコールを繰り返す。

尿失禁

犬に多い疾患である。約25％からそれ以上の避妊雌が尿失禁の問題を抱えている。私は雌犬が少なくとも1回以上の発情を迎えるまでは避妊手術をしないように勧める。このことは、犬が子宮と卵巣を取る前にホルモン性の発達を行えるようにする。

雌犬に対する主たる治療薬は尿漏れに応じてのGiant RedwoodとWine Berryである。Giant Redwoodは膀胱括約筋の働きを助け、Wine Berryは女性ホルモンのバランスを整える手助けをする。

雄犬に対して使う治療薬は、尿漏れに応じてのGiant RedwoodとEuropean Oakである。Giant Redwoodは膀胱括約筋の働きを助け、European Oakは男性ホルモンのバランスを整える手助けをする。

徴候と症状

- 不随意的な排尿
- 安静時や睡眠時の尿漏れ

治療

- Giant RedwoodとWine Berry
  雌犬：1日2回、あるいは尿漏れに応じて5-10滴。

- Giant RedwoodとEuropean Oak
  雌犬：1日2回、あるいは尿漏れに応じて5-10滴。

嘔吐

嘔吐は、胃の中から有毒物質を排出しようとする体の反応である。動物が痛みや苦痛を感じている場合や血を吐いた場合は直ちに獣医師を受診する。

私たちの治療の最終目標は、可能な限り早く動物が解毒することを手助けすることであり、水和していることを確かめることである。最初にあなたが確認するべきことは、何らかの有毒物質を動物が摂取したか、あるいは閉塞性の疾患を起こしうる何かを食べなかったか、ということを探ることである。もしどちらかのケースであれば、すぐに動物病院を受診すべきである。

動物が安定するまでは、直ちに食べ物を与えることを中止する。動物が水を飲んで嘔吐しない限りは、常に飲み水は置いておき、決して飲水を抑えてはならない。もしこのような状態ならば、かかりつけの獣医師に相談する。

徴候と症状

- 食欲不振
- 昏睡
- 悪心

治療

動物が水を飲まない場合は、**Fig Tree**と**European Grape Vine**から始めることを勧める。以下の量を動物が嘔吐するたびごとに繰り返し与える。嘔吐した後、胃が元の位置に戻るまで数分間待ち、その後以下の量を繰り返す。嘔吐が減り、徐々に嘔吐の頻度が減少していく限りにおいては、あなたのペットは良好である。もしそうでないならば、専門家の助けを借りなければならない。

- **Fig Tree、European Walnut**
  猫：それぞれを1-3滴。
  犬：それぞれを5-10滴。
  馬：それぞれを5-10滴。

ドレナージと解毒

排出器官として知られるいくつかの主要臓器があり、それらは体の解毒と生物由来の毒や毒物、化学物質や重金属のような細胞内の老廃物を除去する手助けを行っている。何らかの回復治療を始める前に、これら主要臓器の掃除を行うことが重要である。以下の表には、これら主要臓器それぞれの機能を高めるために使える治療薬の概要を示してある。動物の個別の感受性に基づき、1日数回1-5滴を与えることを勧める。

	Black Poplar	Bloodtwig Dogberry	Briar Rose	Cedar of Lebanon	Common Birch	Common Juniper	European Alder	Fig Tree	Lime Tree	Lithy Tree	Rowan Tree	Rosemary	Wine Berry
動脈	×	×											
膀胱													×
皮膚				×									
内分泌		×											
胆嚢												×	
心臓		×											
腸								×					
腎臓				×	×	×							
肺										×			
神経								×	×				
静脈洞			×										
胃								×	×				
甲状腺		×											
全身					×								
静脈					×						×		

想像力は知識よりも重要である！

アルバート・アインシュタイン

ジェモセラピー用治療薬（学名／日本語名）

Black Currant (*Ribes nigrum*/クロフサスグリ)

- 副腎機能不全
- 副腎のバランス不全 - 副腎の強化
- アレルギー状態
- 過敏症
- 動物の免疫系のバランスを保つ
- 咬傷や刺傷
- 血中尿素窒素
- 結膜炎
- 角膜疾患
- 副腎皮質ステロイドの代替
- 耳、鼻、喉
- ノミ
- フィラリア
- 解毒中の痒みを抑える助け
- 蕁麻疹
- 高血圧
- 予防接種の解毒
- 外傷
- 昆虫の咬傷
- 痒み
- 乾性角膜結膜炎（ドライアイ）
- 代謝刺激剤
- 骨粗鬆症
- 下垂体刺激剤
- ヒゼンダニ疥癬症

- 皮膚炎
    - コルチゾル、抗ヒスタミン、その他の抗炎症物質の代替
    - 薬や化学物質による毒性
    - 尿道閉塞（雄猫における）
    - ワクチンの解毒
    - 喘鳴
    - ウジ
    - 傷

Black Honeysuckle (*Lonicera nigra*/メヒョウタンボク)

- 腎結石
- 口内炎
- ストレス

Black Poplar (*Populus nigra*/セイヨウハコヤナギ)

- 気管炎

Blackberry Vine (*Rubus fructicosus*/セイヨウヤブイチゴ)

- 強直性脊椎症
- 慢性間質性腎炎
- 椎間板疾患
- 関節
- 腎炎
- 閉塞性呼吸疾患
- 痛みの緩和
- 脊椎炎

Bloodtwig Dogberry（Cornus sanguinea/セイヨウミズキ）

- 甲状腺がん
- 血腫（外傷後の）
- 甲状腺機能亢進症
- 甲状腺機能低下症

Briar Rose (Rosa canina/イヌバラ)

- 膿瘍
- 犬ジステンパー
- 毛包虫疥癬症
- 猫の上部気道疾患
- 免疫系の刺激剤
- 感染
- 炎症（慢性）
- 椎間板疾患
- ライム病
- 鼻づまり
- パルボウイルス（犬の）
- 子宮蓄膿症
- 鼻炎
- くしゃみ
- 脊椎炎
- 気管炎
- 上部気道疾患
- いぼ

Cedar of Lebanon (*Cedrus libani*/レバノンスギ)

- アレルギー
- 皮膚炎（慢性）
- ドレナージ、皮膚/腎臓
- 肥満細胞阻止剤

Christmas Holly (*Ilex aquifolium*/セイヨウヒイラギ)

- てんかん
- 腎機能不全
- 硬化症、腎臓

Common Birch (*Betula pubescens*/ヨーロッパダケカンバ)

- 骨折
- 白内障
- 股関節形成不全
- 肝炎
- 炎症
- 怪我
- 椎間板疾患
- 歯（ぐらつき）
- 血栓症
- 尿素（上昇）
- 尿路閉塞（雄猫における）
- ワクチンの解毒

Common Juniper (*Juniperus communis*/セイヨウネズ)

- 攻撃的な行動
- 注意力の散漫
- 胆嚢機能不全
- 膀胱感染
- 血圧
- がん（腎がんには使わない）
- 白内障
- 化学療法の副作用
- 結膜炎
- 角膜疾患
- 膀胱炎
- 毛包虫疥癬症
- 糖尿病
- ドレナージ、腎臓
- ドレナージ、肝臓
- 猫白血病
- ノミ
- ウジバエ
- フィラリア
- 肝炎
- 予防接種の解毒
- 昆虫の咬傷
- 乾性角膜結膜炎（ドライアイ）
- 腎臓の排泄作用
- 腎機能不全
- 腎結石
- 肝臓の排泄作用
- 乳腺炎
- 腎炎
- 多発性関節炎

- 腱炎
- 尿路閉塞（雄猫における）
- ワクチンの解毒

Common Lilac (*Syringa vulgaris*/ライラック)

- フィラリア

English Elm (*Ulmus campestris*/ヨーロッパニレ)

- 角膜疾患
- 白癬
- 皮膚の排泄作用
- 潰瘍性大腸炎
- 尿素（上昇）
- 傷

English Hawthorn(*Crataegus oxyacantha*/セイヨウサンザシ)

- 不整脈
- 血圧
- 心臓機能不全
- 心臓のけいれん
- 心筋症
- ドレナージ、動脈
- 浮腫、肺性
- 浮腫、心性
- ゆっくりとした心臓の動きのよい調節剤
- 心房細動

- 心臓
- フィラリア
- 高血圧
- 心筋収縮の増加（特に左心）
- パルボウイルス（犬の）
- 心膜痛
- 肺水腫
- 頻脈
- 血栓症

European Alder (*Alnus glutinosa*/ヨーロッパハンノキ)

- アレルギー性喘息
- 動脈塞栓（脳卒中）
- 喘息
- 心房粗動
- 出血
- あざ
- 火傷
- 膀胱炎
- ドレナージ、胃
- 猫の上部気道疾患
- 心房細動
- 心臓
- じんましん
- 炎症（慢性）
- 記憶
- 口内炎
- 粘膜の炎症
- 骨髄炎（骨の感染）
- 腹膜炎

- 鼻炎
- ヒゼンダニ疥癬症
- 脳卒中
- 血栓症
- 消化管潰瘍

European Ash (*Fraxinus excelsior*/セイヨウトリネコ)

- フィラリア
- 腎臓の排泄作用
- 肝臓の排泄作用
- 滑膜の炎症
- 喘鳴
- ウジ

European Beech (*Fagus sylvatica*/ヨーロッパブナ)

- 腎結石
- 水分のうっ滞による体重増加
- 腎機能と排尿の刺激剤

European Chestnut (*Castanae vesca*/ヨーロッパグリ)

- ドレナージ、静脈
- 浮腫、リンパ性
- リンパ系の排泄作用

European Filbert (*Corylus avellana*/セイヨウハシバミ)

- 貧血
- あざ
- 咳
- ドレナージ、肺
- ケネルカフ
- 閉塞性の呼吸器疾患
- 肺線維症
- 上部気道

European Grape Vine (*Vitis vinifera*/ヨーロッパブドウ)

- 強直性脊椎炎
- 関節炎
- 大腸炎
- 炎症（慢性）

European Hornbeam (*Carpinus betulus*/セイヨウシデ)

- 鎮咳
- 息苦しい咳
- 突発性の慢性上咽頭炎
- 気管炎

European Oak (*Quercus pedonculata*/ヨーロッパナラ)

- アジソン病
- 駆虫薬(寄生虫)
- 夜尿症
- 副腎機能不全に対してとてもよい
- 副腎と男性ホルモンのバランスをとる助け
- 去勢によって生じるホルモンバランスの維持に用いる。

European Olive (*Olea europaea*/オリーブ)

- 動脈の塞栓(脳卒中)
- 血圧
- 認知症
- ドレナージ、動脈
- フィラリア
- 高血圧
- 腎機能不全
- 乳腺炎
- 強迫性疾患
- 恐怖症
- 腎性機能不全
- 脳卒中
- ウジ

European Walnut (*Juglans regia*/テウチグルミ)

- 膿瘍
- にきび
- 胃捻転

- 毛包虫疥癬症
- 糖尿病
- 下痢
- 抗生物質使用後の下痢
- 猫のジステンパー
- 鼓腸
- 免疫系の刺激剤
- 感染
- インスリンのバランスを取る
- 腸内寄生虫
- ライム病

Fig Tree (*Ficus carica*/イチジク)

- 急性あるいは慢性の下痢
- 急性あるいは慢性の嘔吐
- 胃捻転
- 大腸炎
- 脳しんとう
- 便秘
- 咳
- 糖尿病
- 下痢
- ドレナージ、肝臓
- ドレナージ、神経系
- ドレナージ、胃
- 好酸球性肉芽腫
- 猫のジステンパー
- 鼓腸
- 血腫(外傷後の)
- 腸内寄生虫

- 過敏性腸症候群
- ケネルカフ
- 粘膜の消化作用
- パルボウイルス（犬の）
- ストレス
- 胸腺の調節剤
- 潰瘍性大腸炎
- 消化管潰瘍
- 嘔吐
- いぼ

Giant Redwood (*Sequoia gigantea*/セコイアデンドロン)

- 加齢
- 骨折
- 出血
- 夜尿症
- 免疫系の刺激剤
- 忍耐力の増強
- 関節
- ライム病
- 骨粗鬆症
- 痛みの緩和
- 後肢の不全麻痺と麻痺
- 前立腺炎
- 尿失禁
- 泌尿器系
- 腰から後ろの全ての弱り

Hedge Maple (*Acer campestre*/コブカエデ)

- 抗真菌
- 抗ウイルス
- 糖尿病
- 血栓症

Lemon Bark (*Citrus limonum*/レモン樹皮)

- 不眠症
- 肝臓の排泄作用

Lime Tree (*Tilia tomentosa*/ギンヨウボダイジュ)

- 攻撃的な行動
- 鎮痛
- 不安
- 動脈の塞栓（脳卒中）
- 注意力の散漫
- 犬のジステンパー
- 大腸炎
- 沈鬱
- ドレナージ、神経系
- てんかん
- 恐怖
- 過活動
- 高血圧
- 不眠症
- 怒りっぽい
- 粘膜の炎症

- 神経疾患
- 恐怖症
- 狂犬病症状
- ワクチン関連神経疾患
- 神経系を鎮めるのにとても効果的である。

Lithy Tree (*Viburnum lantana*/ガマズミ)

- アレルギー性喘息
- 喘息
- 犬のジステンパー
- 咳
- 難聴
- ドレナージ、肺
- 猫白血病
- 甲状腺機能亢進症
- ケネルコフ
- 肺の排泄作用
- 甲状腺の過活動
- 耳鳴り
- 気管炎
- 上部気道
- めまい

Maize (*Zea mais*/トウモロコシ)

- 心臓
- 腎臓の排泄作用
- 肺の排泄作用

Mistletoe (*Viscum album*/ヤドリギ)

- 乳腺炎
- パニック症状
- 耳鳴り
- 腫瘍、成長抑制剤
- 尿素（上昇）

Mountain Pine (*Pinus montana*/モンタナマツ)

- 関節炎
- 軟骨の再生
- 変性性関節炎
- 変性性脊髄症
- 椎間板関連の麻痺
- 脊椎疾患に対するよい治療薬
- じんましん
- 椎間板疾患
- 関節
- 骨粗鬆症
- 痛みの緩和
- 脊椎損傷
- 脊椎炎
- 脊椎症
- 腱の修復

Prim Wort (*Ligustrum vulgare*/セイヨウイボタ)

- 白癬
- 皮膚の排泄作用
- 耳鳴り
- めまい

Raspberry (*Rubus ideaus*/ラズベリー)

- 注意力の散漫
- 分娩
- 月経困難症
- 卵巣ホルモン過剰の症候群
- 下垂体後葉に対する抑制作用
- 出産
- 子宮蓄膿症
- 卵巣の分泌の調節
- 遺残胎盤
- 傷

Red Alder (*Alnus incana*/セイヨウハンノキ)

- 過敏症
- 心臓
- 血栓症
- 気管炎

Red Spruce (*Abies pectinata*/ヨーロッパモミ)

- 骨髄炎（骨の感染）

Rosemary (*Rosmarinus officinalis*/ローズマリー)

- 特に胆嚢の作用
- 胆石疝痛
- 筋緊張の亢進あるいは低下を伴う胆嚢の運動障害
- 出血
- 慢性胆嚢炎
- 大腸炎
- 認知症
- 沈鬱
- ドレナージ、胆嚢
- ドレナージ、肝臓
- 抗けいれん作用
- 高血圧
- 記憶
- 軽度の肝機能障害
- 強迫性疾患
- 前立腺炎
- 胆嚢の運動性の調節
- めまい

Rowan Tree (*Sorbus demostica*/ナナカマド)

- 毒素を排泄する助け
- 慢性的な息苦しい状態
- 慢性耳炎
- ドレナージ、静脈
- 難聴
- 耳、鼻、喉の状態
- 猫白血病
- 聴力低下
- 乳腺炎
- 鼻からの分泌
- 痛みの緩和
- 耳鳴り
- 扁桃炎
- めまい

Rye Grain (*Secale cereale*/ライムギ)

- にきび
- 慢性的な皮膚の症状
- 真皮の修復
- 肝炎
- 肝臓の排泄作用
- 白癬
- 皮膚の修復

Silver Birch (*Betula verrucosa*/シラカンバ) (輸入禁止品種)

- 膀胱炎
- 膀胱結石
- 血中尿素窒素
- 虫歯
- 耳、鼻、喉
- 肝炎
- 腎臓の排泄作用
- 腎炎
- 骨髄炎(骨の感染)
- 尿素(上昇)

Sweet Almond (*Prunus amygdalus*/アーモンド)

- 貧血
- アミロイド症(腎臓)
- 甲状腺機能低下症
- 強迫性疾患
- 恐怖症
- 腎臓のアミロイド沈着
- 血栓症
- 甲状腺の活動低下
- 尿素(上昇)

Tamarisk (*Tamarix gallica*/ギョリュウ)

- 貧血
- トロンビン合成の調節剤
- 血小板減少症

Wild Woodvine (*Ampelopsis weitchii*/ノブドウ)

- 前十字靭帯断絶
- 変形性関節炎、軟骨損傷
- 股関節形成不全
- 関節関連の疾患
- 捻挫/筋違え
- 腱の修復
- 外傷

Wine Berry (*Vaccinum vitis idaea*/コケモモ)

- 加齢
- ホルモンバランスの調節
- 膀胱炎
- 大腸炎
- 便秘
- 下痢
- ドレナージ、膀胱
- ドレナージ、腸
- 過敏性腸症候群
- 関節
- 腎臓のシュウ酸カルシウム結石
- 粘膜の消化作用
- 腎炎
- 痛みの緩和
- パルボウイルス（犬の）
- 前立腺炎
- 肺線維症
- 子宮蓄膿症
- 避妊雌の犬や猫

- 甲状腺腫
- 潰瘍性大腸炎
- 尿素(上昇)
- 尿路感染
- 外陰部からの分泌(白帯下)
- 手術後の体重増加(避妊動物における)
- 若返り(避妊動物における)

ジェモセラピー マテリア メディカ

Black Currant (*Ribes nigrum*/クロフサスグリ)
このジェモセラピー治療薬を用いることで、あらゆるアレルギー症状が改善するだろう。痒みやひっかき傷にもよい。副腎機能を助け、抗炎症作用も持つ。皮膚の炎症がある部分に局所的にも使える。

Black Poplar (*Populus nigra*/セイヨウハコヤナギ)
下痢や水様便によって栄養の蓄積が使い果たされた時の助けになる。短時間作用の治療薬であり、肝臓を守るためには最大でも4-5週間の使用にとどめるべきである。

Bloodtwig Dogberry (*Cornus sanguinea*/セイヨウミズキ)
甲状腺機能低下あるいは亢進症を助けることができる。甲状腺の解毒と強化を手助けする。

Briar Rose（ドッグローズとして知られている）(*Rosa canina*/イヌバラ)
くしゃみや鼻づまり、鼻水などあらゆる鼻に関する症状に使われる。鼻腔と副鼻腔の粘膜の解毒を行う。

Common Birch (*Betula pubescens*/ヨーロッパダケカンバ)
尿酸の排出を助ける。リウマチや腎機能障害、皮膚疾患の治療に使われる。内分泌系を刺激し、肝臓と腎臓のドレナージ作用を高める。抗炎症作用も持つ。骨関節炎の治療にも使われる。ワクチン接種後の体の解毒にもよい。全身の総合的なドレナージ促進剤と言われる。私はしばしば、多臓器における中程度のドレナージが必要な場合にCommon Birchを単独で使用する。免疫系に対する強い刺激剤でもあり、風邪やインフルエンザ、咽頭炎、その他あらゆる上部気道疾患に対して効果的である。股関節の問題に対する私のお気に入りの治療薬でもある（股関節形成不全や関節炎、股関節の変性性疾患などに使用している）。股関節領域における局所の血管新生を刺激し、関節炎症状の進行を遅くしたり、修復を手助けをする造骨反応を刺激する。

Common Juniper (*Juniperus communis*/セイヨウネズ)

このジェモセラピー治療薬は、代償不能期にある肝機能不全や黄疸、さまざまな種類の肝硬変などに対して用いられる。腎臓と肝臓の主要なドレナージ剤であり、特に自己免疫系疾患が存在する場合に有効である。肝臓の抗炎症作用と、その二次的な影響である腎臓での利尿作用がある。長期間の使用によって、潜在的な疲弊症状が生じる恐れがあるため、毎日の投薬は6週間以上行わないことを勧める。本に書かれている少量を1日1度与え、維持には週に1回にすることを勧める。腎臓のがん以外のあらゆる腫瘍やがんにも使うことができる。

English Elm (*Ulmus campestris*/ヨーロッパニレ)

皮膚の感染やにきびなどの皮膚の病気に使われる。腎臓と肝臓のよいドレナージ作用を持つ。痛風や湿疹、にきび、ヘルペス、乾癬、四肢の潰瘍などにもよい。

English Hawthorn (*Crataegus oxyacantha*/セイヨウサンザシ)

安静時の心臓収縮の調節を行う。特に左心系の心筋収縮力を増やす。あらゆる心膜痛に鎮静的な効果がある。心膜痛以外にも心臓の機能不全とそれに伴う徴候である心臓のけいれんや頻脈、不整脈にも効果があるとされている。血圧の調節や抗血栓効果がある。うっ血性心不全と肺性浮腫を軽減する。心臓の興奮伝導を安定化する手助けをする。心筋梗塞から心臓を守る助けをするCornus sanguine (Bloodtwig)と併用することで、さらによい作用を得られる。これは心臓の動脈系に非常によい治療薬である。

European Alder (*Alnus glutinosa*/ヨーロッパハンノキ)

アレルギー性喘息に対して効果がある。粘膜由来の炎症症状によい治療薬である。側副血行路の活性化作用があるので、脳卒中の症例に優れた効果を示す。バイパス血管を作って新たな側副循環を再構築しようとする体の働きを助け、脳や冠動脈の閉塞を効果的に治療する。

European Beech (*Fagus sylvatica*/ヨーロッパブナ)

腎機能と排尿を刺激する。腎結石や腎機能不全、水分のうっ滞による肥満に対しても効果があると言われる。あらゆる肺の硬化症状にも効果がある。コレステロールや尿酸、尿素を下げる作用もある。

European Grape Vine (*Vitis vinifera*/ヨーロッパブドウ)
非常に強い疼痛がある変形性のリウマチや小さな関節における関節炎に効果がある。関節のあらゆる慢性炎症症状に効果的である。解毒と治癒過程を促進することから、大腸炎にも勧められる。

European Hornbeam (*Carpinus betulus*/セイヨウシデ)
鼻咽腔と気管に作用し、傷ついた粘膜表面の治癒を助け、けいれんを緩和する。突発性あるいは慢性の鼻咽喉炎や気管炎、気管気管支炎にも効果がある。鎮咳作用がある。咽頭とその周囲の組織に対するドレナージ作用がある。これはしばしば、耳と鼻、喉の治療薬であると言われる。呼吸器全体の粘膜に対して非常に特異的である。人における肺気腫の治療でも用いられる。また血液の凝固機能を正常化することで、血小板減少症にも使われる。

European Oak (*Quercus pedonculata*/ヨーロッパナラ)
雄の動物における活力を取り戻す強い作用がある。男性ホルモン合成を行えなくなったことで二次的に活力低下を起こしている去勢雄動物に対して、副腎皮質を刺激することで作用を発揮する。

European Olive (*Olea europaea*/オリーブ)
適切な脳の機能に必要なリン脂質の適正なバランス維持に働く。強心作用も知られている。体外への血液の浄化作用にも優れている。特に脳卒中のような血管の閉塞状態の予防と治療を助ける。コレステロールを下げ、血液中の脂質のバランスを整えるために使われる。脳への動脈血供給により瘢痕組織の除去を助け、アルツハイマー病やその他の記憶喪失疾患に対する治療にも効果がある。恐怖症や強迫性疾患、不安にもよい。抗硬化作用があるので、がん患者には使わないことを勧める。がん細胞の浸潤を抑えている瘢痕組織を取り除いてしまう恐れがあるためである。

European Walnut (*Juglans regia*/テウチグルミ)
血糖値のバランスを保つため、糖尿病で使われる。膵臓が機能している場合と、膵炎罹患中あるいは罹患後の修復を行っている場合を除く。皮膚や肝臓、あらゆる粘膜の慢性炎症状態によく効く。慢性的な連鎖球菌やブドウ球菌感染に対する長期にわたる治療や、肺の気管や気管支粘膜の感染に非常によく効く。抗生物質使用後の下痢に

も、腸内細菌叢を元に戻すために効果があり、膵臓の機能不全による二次的な影響吸収不全にもよい。膵臓における酵素合成とインスリン合成を正常化することを助ける。インスリン受容体の部分を浄化し、糖尿病の動物の血糖値のバランスを調節する助けをする。胆嚢の感染にもよい効果がある。

Fig Tree (*Ficus carica*/イチジク)
あらゆる消化管関連の疾患を助けることができる。食事の時や、餌の中に入れて与えることで、消化管の解毒と強化を図ることができる。ペットが直面するあらゆる消化器症状に効果があり、動物が摂取してしまった有毒物質から消化器系を守る作用もある。胃や十二指腸の潰瘍にもよい効果がある。食道の炎症にもよい。消化管粘膜の治癒効果だけでなく、消化管で合成される消化酵素と酸のバランスを取る手助けをする。外傷後の頭蓋内血腫にも効果がある。好酸球性肉芽腫や胸腺の調節にもよいとされる。

Giant Redwood (*Sequoia gigantea*/セコイアデンドロン)
肢の弱りや、尿・便失禁、前立腺炎や衰弱に対して用いられる。エストロジェンの前駆体であり、子宮と卵巣を除去したことで生じるホルモン欠損症状のある雌の動物に非常によい効果がある。前立腺がんに使用してはならない。急性前立腺炎や子宮筋腫、月経困難症や骨粗鬆症にも効果がある。先天性骨形成不全症（グラス・ボーン病）にも効果がある。患者に満足感を与えることができる。

Hedge Maple (*Acer campestre*/コブカエデ)
消化を促進し、腎臓の解毒効果がある。血糖値を下げるため、糖尿病の治療にも有効である。あらゆるウイルス感染や疲労、線維筋痛にもよい作用を持つ。胆石の治療や予防にも効果がある。病的な予期不安にもよい。

Lime Tree (*Tilia tomentosa*/ギンヨウボダイジュ)
動物が反応するだけでなく自発的に動けるように神経系を鎮める効果が高い。どんな発作治療においても補足的に作用することができる。あらゆる部分の神経系の解毒と修復促進に非常によい作用を持つ。不眠症や、神経質な患者をリラックスさせる効果もある。最初は少量から始め、効果が見られるまで増やしていくことを勧める。患者に強い眠気が生じたならば半量に減らし、治療効果が感じられるまで半量ずつ減らしてい

く。頭痛や片頭痛、神経痛にも有効である。病的な予期不安にもよい。私は全てのてんかん症例にこれを用いている。

Lithy Tree (*Viburnum lantana*/ガマズミ)
慢性的なアレルギーの治療に用いる。肺の強力なドレナージ作用の治療薬として有効であり、肺を健康な状態へ戻すことを助ける。慢性鼻炎やアレルギー、湿疹や様々な要因から生じる喘息の治療に効果がある。気管支の突発的な症状にもよい選択である。私は原因が何であろうと、全ての肺疾患の症例にこれを用いており、よい結果を得ている。

Mountain Pine (*Pinus montana*/モンタナマツ)
脊椎の解毒と強化や、あらゆる小さな関節が関連する疾患に対して用いられる。部位に関係なく、あらゆる形態の関節炎に非常によく効く。骨や軟骨、靭帯や腱における再生作用を持つ。また動脈系やリンパ系の治癒効果促進作用もある。Rosa canina (Briar Rose) と共に使用することで、骨粗鬆症にも用いることができる。

Prim Wort (*Ligustrum vulgare*/セイヨウイボタ)
皮膚や粘膜、腎臓のドレナージ作用を促進する効果がある。慢性的な腸管症状にも有効である。大腸炎、口腔内の感染、肢の潰瘍や褥瘡にも用いられる。扁桃炎や気管支炎、腸管や子宮からの出血、外陰部からの分泌などにも用いられる。

Raspberry (*Rubus ideaus*/ラズベリー)
雌の動物における骨盤領域に関連する症状に非常に有効である。出産時の不快症状や発情に用いる。子宮や膣からの分泌にも非常によく効く。子宮内膜増殖症や出産後の子宮内の浄化にも効果がある。遺残胎盤や分娩後の後産促進にもよい。性成熟が遅い雌動物にも助けとなる。下垂体後葉に対しては抑制効果があり、特に卵巣からの分泌作用を調節する。エストロジェンの分泌過剰な状態や月経困難症にも有効である。

Rosemary (*Rosmarinus officinalis*/ローズマリー)
このジェモセラピー治療薬の効果は、肝臓と胆嚢に特化している。胆嚢の運動性を調節する非常によい抗けいれん作用がある。軽度の肝機能障害や、筋緊張の亢進あるい

は低下を伴う胆嚢の運動障害、胆石疝痛、慢性胆嚢炎などに効果がある。あらゆる形態の黄疸において第一選択の治療薬である。動物の生物としての加齢過程を最小限に抑える効果がある。時期尚早の加齢だと感じる動物においてはよい選択である。前立腺炎と、雌雄両方における生殖障害にもよい。腸粘膜に対する作用から、大腸炎にも用いられる。慢性的な緊張にも使うことができる。これは長期使用できる薬であるが興奮作用があるため、患者の感受性によっては高用量でてんかん症状を生じる可能性がある。私はあらゆる発作の既往のある動物に対してはこの治療薬を使わない。発作の既往のない動物において、この本で示した私の指示量で治療を実施した場合には病的な症状を呈した動物はいない。

Rowan Tree (*Sorbus demostica*/ナナカマド)

耳や鼻、喉に対して用いられる。あらゆる種類の耳の感染、特にワクチン接種後の感染において、これは私の第一選択である。静脈のドレナージ作用を持つ主要な治療薬である。静脈うっ滞やむずむず肢症候群、耳鳴りや難聴によく、リンパ系の強いドレナージ作用を持ち、脳腫瘍にも効果がある。慢性的な耳感染を抱えるペットには、決してワクチン接種をしてはならない。そのような動物はワクチンによる副作用に対して非常に敏感であり、ワクチンを接種させ続ければ確実に健康状態が悪化する。注意点：ワクチンの説明書には、"健康な動物にのみ接種すること"と書かれている。慢性的に治療が必要な症状を抱えている動物は健康ではない。

Rye Grain (*Secale cereale*/ライムギ)

慢性皮膚炎のある動物の皮膚と肝臓の解毒を促進するため、あらゆる慢性的な皮膚症状に使われる。黄疸を伴う急性あるいは慢性の肝炎にも有効である。乾癬にも使われる。

Silver Birch (*Betula pendula*/シラカンバ) （輸入禁止品種）

これは肝臓と腎臓の非常によいドレナージ剤である。抗炎症作用があることから、骨関節炎に治療にも用いられる。これは特に骨における潜在的な再生作用で知られている。幼若動物における骨軟骨炎や慢性骨髄炎、幼若動物の虫歯治療において、Red Spruce (Abies pectinata) の代用として勧められる。私は腎不全、タンパク尿、腎炎、肝炎、膵炎、脾臓の機能不全の治療にこれを用いている。

Tamarisk (*Tamarix gallica*/ギョリュウ)
赤血球合成を刺激するため、赤血球系に対する作用がある。低色素性貧血に有効である。私は全ての血小板減少症と出血異常の症例において、また、特に腎不全による二次的な非再生性貧血の症例において使用している。好酸球性肉芽腫の治療にも、Fig Tree (Ficus carica) と共に使うことができる。骨髄に対する強い刺激作用もある。動脈硬化症の患者には使うべきではない。

Wild Woodvine (*Ampelopsis weitchii*/ノブドウ)
以下のようなあらゆる関節関連の疾患に有効である：股関節形成不全、後十字靭帯断絶、捻挫／筋違え、変性性関節炎、軟骨損傷などである。私は強直性脊椎炎や、原因に関わらずあらゆる関節の怪我に対して使用している。靭帯や軟骨、骨の解毒と再生促進作用がある。関節の怪我においては、治癒と不快症状の軽減を助けるために、Mountain Pine (Pinus montana) と併用すると非常によい効果がある。

Wine Berry (*Vaccinum vitis idaea*/コケモモ)
Wine Berryはホルモンバランスを取る非常によい手助けをする。特に避妊手術後に体重増加が見られる雌動物においてとてもよい効果を発揮する。この特殊なジェモセラピー治療薬は、避妊する前の状態に動物を戻すことができる。小動脈や細動脈主たる効果を発揮することで、糖尿病によるつま先や趾の壊死や糖尿病性壊疽に非常によく効く。硝子化卵巣、ヒアリン様物質の良性腫瘍にも使われる：子宮筋腫や甲状腺腺腫、糸球体の硝子化、肺塞栓である。加齢に、また動物の体内時計の最大化にとてもよい治療薬である。大腸炎や下痢、大腸菌症にも効果がある。カルシウム代謝と吸収の作用から、骨粗鬆症にも効果がある。大腸の運動性の欠如のような大腸関連の疾患にも非常に有効である。腸管の運動性の欠如に対して、大腸を刺激する作用がある。過活動により大腸がけいれんしている状態においては、鎮静的に抗けいれん作用を発揮する。また尿酸や尿素、コレステロールを下げる作用もある。泌尿器系と消化関係における感染防御剤としても使える。雌動物における再発性の尿路感染にも非常によい効果がある。また腎炎やウイルス心膜炎、関節リウマチの治療にも使われる。

一般状態からみた ジェモセラピー治療薬使用法

膿瘍	European Walnut（あらゆる感染）
膿瘍（新生児）	Briar Rose
にきび	European Walnut（あらゆる感染）／Rye Grain（慢性的なにきび）
副腎機能不全あるいはアンバランス	Black Currant（副腎）／European Oak（副腎皮質）
加齢	Wine Berry、Giant Redwood、Rosemary
攻撃的な行動	Lime Tree、Common Juniper
アレルギー性喘息	Black Currant、Lithy Tree、European Alder
アレルギー	Black Currant、Rosemary、Cedar of Lebanon
アミロイド症（腎臓）	Sweet Almond、Common Juniper
貧血	Tamarisk、European Filbert
鎮痛	Lime Tree
過敏症	Black Currant、Red Alder
強直性脊椎症	European Grape Vine、Mountain Pine、Blackberry Vine
抗真菌	Hedge Maple
駆虫（寄生虫）	European Oak
抗ウイルス	Hedge Maple

不安	Lime Tree
不整脈	English Hawthorn
動脈塞栓（脳卒中）	Lime Tree、European Alder、European Olive
関節炎	European Grape Vine、Common Juniper、Wild Woodvine、Mountain Pine
喘息	Black Currant、Lithy Tree、European Alder
心房粗動	European Alder
注意力散漫	Lime Tree、Common Juniper
胆嚢機能不全	Rosemary、Common Juniper
咬傷と刺傷	Black Currant
膀胱感染	Silver Birch、Wine Berry、Common Juniper
膀胱結石	Silver Birch
出血	European Alder
胃捻転	European Walnut、Fig Tree
血圧	English Hawthorn、European Olive、Common Juniper
血中尿素窒素	Black Currant、Common Juniper、Silver Birch
骨折	Common Birch、Giant Redwood
交配	Oak、Giant Redwood、Black Currant
あざ	European Alder、European Filbert
熱傷	European Alder
犬のジステンパー	Fig Tree、Lithy Tree、Lime Tree、Briar Rose
虫歯	Silver Birch
腫瘍	Common Juniper（腎臓のがんには使わない）
心筋症	European Filbert
軟骨再生	Wild Woodvine、Mountain Pine
白内障	Common Juniper、Common Birch
化学療法の副作用	Common Juniper
慢性間質性腎炎	European Beech、Blackberry Vine
息苦しい咳	European Hornbeam
大腸炎	Fig Tree、Rosemary、Wine Berry、Lime Tree、European Grape Vine

※ Silver Birchは輸入禁止品種です。

脳しんとう	Fig Tree
結膜炎	Common Juniper、Black Currant
便秘	Fig Tree、Wine Berry
角膜疾患	Common Juniper、Black Currant、Black Poplar、Raspberry、English Elm
コルチコステロイドの代替	Black Currant
咳	Fig Tree、Walnut、Lithy Tree、European Filbert
膀胱炎	Common Juniper、European Alder
難聴	Rowan Tree、Lithy Tree
分娩	Raspberry
認知症	RosemaryとEuropean Olive
毛包虫疥癬症	Common Juniper、Briar Rose、European Walnut
沈鬱	Lime Tree、Rosemary（てんかんで使ってはならない）
慢性皮膚炎	Cedar of Lebanon
真皮の修復	Rye Grain
糖尿病	European Walnut、Fig Tree、Hedge Maple、Common Juniper
下痢	Fig Tree、Wine Berry、European Walnut
抗生物質使用後の下痢	European Walnut
ドレナージ、動脈	European Hawthorn、European Olive
ドレナージ、膀胱	Wine Berry
ドレナージ、胆嚢	Rosemary
ドレナージ、心臓	European Hawthorn
ドレナージ、腸	Wine Berry
ドレナージ、腎臓	Common Juniper、Common Birch、Cedar of Lebanon
ドレナージ、肝臓	Common Juniper、Rosemary、Fig Tree
ドレナージ、肺	Lithy Tree、European Filbert
ドレナージ、神経系	Lime Tree、Fig Tree
ドレナージ、皮膚	Cedar of Lebanon、English Elm
ドレナージ、胃	Fig Tree、European Alder

ドレナージ、静脈	Rowan Tree、European Chestnut
耳、鼻、喉	Rowan Tree、Briar Rose、European Hawthorn、Black Currant、Silver Birch
浮腫、心性	European Hawthorn
浮腫、リンパ性	European Chestnut
浮腫、肺性	European Hawthorn
夜尿症	Giant Redwood、European Oak
好酸球性肉芽腫	Fig Tree
てんかん	Lime Tree、Holly Tree
恐怖	Lime Tree
猫の上部気道疾患	Briar Rose、European Alder
猫のジステンパー	Fig Tree、Wine Berry、European Walnut
猫白血病	Common Juniper、Lithy Tree、Rowan Tree
細動	European Alder、European Hawthorn
鼓腸	Fig Tree、European Walnut
ノミ	Common Juniper、Walnut、Black Currant
ウジ	Common Juniper、Walnut
血腫（外傷後）	Bloodtwig Dogberry、Fig Tree
心臓	European Hawthorn、Maize、European Alder、Red Alder
フィラリア	Common Juniper、Hawthorn、European Ash、Black Currant、European Olive、Common Lilac、Walnut
肝炎	Common Juniper、Silver Birch、Common Birch、Rosemary、Rye Grain
股関節形成不全	Common Birch、Wild Woodvine
じんましん	European Alder、Black Currant、Mountain Pine
過活動	Lime Tree
高血圧	European Hawthorn、Lime Tree、European Olive、Black Currant
甲状腺機能低下症	Bloodtwig Dogberry、Sweet Almond
甲状腺機能亢進症	Bloodtwig Dogberry、Lithy Tree

過敏性腸症候群	Wine Berry、Fig Tree
免疫刺激	Briar Rose、European Walnut、Giant Redwood
予防接種の解毒	Common Juniper、Black Currant
感染	European Walnut、Briar Rose
炎症（慢性）	European Alder、Common Birch、Briar Rose、European Grape Vine
怪我	Black Currant、Common Birch
昆虫の咬傷	Common Juniper、Black Currant
不眠症	Lemon Bark、Lime Tree
インスリン調節	European Walnut
椎間板疾患	Mountain Pine、Common Birch、European Beech、Briar Rose、Blackberry Vine、Oak
腸管内寄生虫	Fig Tree、European Walnut
怒りっぽい	Lime Tree
痒み	Black Currant
関節	Blackberry Vine、Wine Berry、Giant Redwood、Wild Woodvine、Mountain Pine、European Grape Vine
ケネルコフ	European Filbert、Fig Tree、Lithy Tree、European Walnut
乾性角膜結膜炎（ドライアイ）	Common Juniper、Black Currant
腎臓の排泄作用	Silver Birch、Maize、European Ash、Common Juniper
腎機能不全	European Olive、European Beech
腎のシュウ酸カルシウム結石	Common Juniper、Wine Berry
腎結石	Birch、Common Juniper、Black Honeysuckle
肝臓の排泄作用	Birch、European Ash、Common Juniper、Lemon Bark、Rosemary、Rye Grain
肺の排泄作用	European Filbert、Lithy Tree、Maize
リンパの排泄作用	European Chestnut

ライム病	Briar Rose、European Walnut、Giant Redwood
乳腺炎	Common Juniper、Mistletoe、European Olive、Rowan Tree
肥満細胞阻止剤	Cedar of Lebanon
記憶	European Alder、Rosemary
代謝刺激	Black Currant
口腔内の潰瘍	European Alder、Black Honeysuckle
粘膜、消化作用	Fig Tree、European Alder、Briar Rose、Lime Tree
腎炎	Common Juniper、Wine Berry、Blackberry Vine、Silver Birch、European Beech
中性化された犬	Oak
強迫性疾患	European Olive、Rosemary、Sweet Almond
閉塞性呼吸器疾患	Blackberry Vine、European Filbert
骨髄炎（骨の感染）	Red Spruce、European Alder、Silver Birch
骨粗鬆症	Birch、Mountain Pine、Black Currant、Giant Redwood
痛みの緩和	Blackberry Vine、Giant Redwood、Wine Berry、Rowan Tree、Lime Tree、Mountain Pine
膵臓機能不全	European Walnut
パニック症状	Mistletoe
出産	Raspberry
パルボウイルス（犬）	Fig Tree、Hawthorn、Wine Berry、Briar Rose
腹膜炎	European Alder
恐怖症	European Olive、Sweet Almond、Lime Tree
下垂体刺激	Black Currant、Oak
多発性関節炎	Common Juniper
前立腺炎	Giant Redwood、Wine Berry、Rosemary
肺線維症	European Filbert、Wine Berry
肺水腫	European Hawthorn
子宮蓄膿症	Wine Berry、Briar Rose、Raspberry
腎アミロイド症	Sweet Almond
腎機能不全	European Olive、European Beech、Holly Tree

落ち着きのなさ	Lime Tree
遺残胎盤	Raspberry
鼻炎	European Alder、Briar Rose
白癬	Rye Grain、Prim Wort、English Elm
サルコイドーシス	Grape Vine
ヒゼンダニ疥癬症	European Alder、Black Currant
硬化症、腎臓	European Beech、Holly Tree
皮膚の排泄作用	Prim Wort、English Elm
皮膚の炎症	Black Currant
皮膚の修復	Rye Grain
くしゃみ	Briar Rose
避妊犬および猫	Wine Berry
脊椎炎	Mountain Pine、Briar Rose、Blackberry Vine
捻挫	Wild Woodvine
ストレス	Fig Tree、Lime Tree、Black Honeysuckle
脳卒中	European Alder、European Olive、Lime Tree
滑膜の炎症	European Ash
頻脈	Hawthorn
腱の修復	Wild Woodvine、Mountain Pine
腱炎	Common Juniper
歯（ぐらつき）	Common Birch、Oak
トロンビン合成調節	Tamarisk
血小板減少症	Tamarisk
血栓症	Hedge Maple、European Alder、Red Alder、Common Birch、Red Bud、Sweet Almond、Bloodtwig Dogberry、Hawthorn
胸腺調節	Fig Tree
甲状腺腫	Wine Berry
甲状腺機能亢進症	Lithy Tree、Bloodtwig Dogberry
甲状腺機能低下症	Sweet Almond、Bloodtwig Dogberry
耳鳴り	Rowan Tree、Lithy Tree、Prim Wort、Mistletoe
薬の有毒成分	Black Currant

気管炎	Red Alder、Black Poplar、Briar Rose、Lithy Tree、Hornbeam
外傷	Wild Woodvine
腫瘍、成長抑制	Grape Vine、Mistletoe
消化管潰瘍	European Alder、Fig Tree
潰瘍性大腸炎	English Elm、Wine Berry、Fig Tree
上部気道	European Filbert、Briar Rose、Lithy Tree
尿素（上昇）	Birch、Silver Birch、Mistletoe、Common Birch、Sweet Almond、Wine Berr y、English Elm
尿路閉塞（雄猫）	Common Juniper、Black Currant
尿路感染	Birch、Lime Tree、Wine Berry
ワクチンの解毒	Common Juniper、Black Currant、European Alder
膣からの分泌（白帯下）	Wine Berry
めまい	Rowan Tree、Lithy Tree、Prim Wort、Rosemary
嘔吐	Fig Tree、Grape Vine
いぼ	Fig Tree、Briar Rose、Grape Vine
喘鳴	European Ash、Black Currant
蠕虫症	European Ash、Walnut、Black Currant、European Olive、Common Lilac
傷	Black Poplar、Raspberry、English Elm、Black Currant

動物のケアにおいて最も使われているジェモセラピー治療薬

- ☐ Black Currant
- ☐ Black Poplar
- ☐ Bloodtwig Dogberry
- ☐ Briar Rose
- ☐ Cedar of Lebanon
- ☐ Common Birch
- ☐ Common Juniper
- ☐ English Elm
- ☐ English Hawthorn
- ☐ European Alder
- ☐ European Grape Vine
- ☐ European Oak
- ☐ European Olive
- ☐ European Walnut
- ☐ Fig Tree
- ☐ Giant Redwood
- ☐ Hedge Maple
- ☐ Lime Tree
- ☐ Lithy Tree
- ☐ Mountain Pine
- ☐ Prim Wort
- ☐ Raspberry
- ☐ Rosemary
- ☐ Rowan Tree
- ☐ Rye Grain
- ☐ Silver Birch
- ☐ Wild Woodvine
- ☐ Wine Berry

※ Silver Birchは輸入禁止品種です。

資料と入手先

ジェモセラピー治療薬とキット

獣医師専用
輸入販売元　スタッド
E-mail　gemmotherapy@vanilla.ocn.ne.jp
URL　http://www.gemmo.jp

一般購入者専用
㈱サンファーム商事
E-mail　herbcenter@sun-farm.co.jp
URL　http://sun-farm.co.jp

Boiron
http://www.boironusa.com/（英語のサイト）
（医師のみがこのサイトからは注文可能）

ジェモセラピーの本

Concentrated Plant Stem Cell-Detoxifications, Regulation, Rejuvenation and Nutrition Professional Guide Dr. Dominique Richard HMD, ND 著

Dynamic Gemmotherapy, Integrative Embryonic Phytotherapy Dr. Jor Rozencwajg, NMD 著

Gemmotherapy and Pligotherapy Regenerators of Dying Intoxicated Cells, Tridosha of Cellular Regeneration, Dr. Marcus Greaves M.D., N.M.D. 著

ホメオパシーの本

Minimum Price Books

http://www.minimum.com/

ホメオパシー治療薬とキット

Washington Homeopathic

www.homeopathyworks.com

健康的なペットフード

Bones and Raw Food Diet

http://www.thepetwhisperer.com/products/raw-food/

初乳

100% New Zealand Bovine Colostrum

http://www.thepetwhisperer.com/health-tips/colostrum/

エッセンシャルオイル

Young Living Essential Oils

http://www.thepetwhisperer.com/products/essential-oils

ウェブサイト

www.thepetwhisperer.com
私たちの友人である動物すべてと人間に対する自然志向の健康管理に関するDr. ブレイクのウェブサイトである。また彼のフリーのニューズレターに登録すれば、あなたの家族の自然志向の健康管理に対して彼は推薦する製品について知識を得ることができる。

www.AWay2BetterHealth.com
パム・フェッツによる、あなたのペットの生涯における人へのジェモセラピーとホメオパシーによる健康管理のウェブサイトである。

http://www.animalwellnessmagazine.com/
http://equinewellnessmagazine.com/
Animal Wellness Magazineである。カナダのサイトで、自然製品や動物のケアに関する素晴らしい月刊雑誌である。

www.whole-dog-journal.com
Whole Dog Journalである。アメリカのサイトで、動物への自然志向のケアや動物の健康に関する問題を取り上げる、これもまた素晴らしい月刊雑誌である。

牛初乳

http://thepetwhisperer.com/health-tips/colustrum
100% New Zealand Bovine Colostrumの入手と、その他あなたやあなたのペットに対する多くの非常によい製品の入手が可能である。このウェブサイトでこれらを購入することができ、さらに最適な細胞複製を促進するその他の素晴らしい製品も同時に購入することができる。

http://www.colostrumresearch.org/
New Image Inc. Auckland, New Zealandから提供されている、ニュージーランド牛初乳に関するリサーチサイトである。世界中から情報を得られるよいサイトである。牛初乳は私の過去37年間の中で、今のところ最も興奮させられた発見である。この牛初乳という忘れられていた奇跡について、さらに知りたければhttp://sedonalabsproandpets.com/を見るか、あるいはJoseph.Busuttil@sedonapurepets.comへメールすることでこの驚きべき栄養補給剤について学ぶことができる。

http://www.mercola.com/
最新の健康問題や全ての人に対する自然志向の健康管理に関する素晴らしいウェブサイトである。

団体

www.theavh.org
獣医師による古典的なホメオパシーの普及と実践における教育をするAcademy of Veterinary Homeopathyのサイトである。

www.drpitcairn.com
Dr. のサイトである。Dr. の下で経験を積んだホメオパシー獣医師のリストがある。古典的なホメオパシーの実践方法について獣医師に教えているサイトでもある。Dr. ブレイクはホメオパシー獣医師の第一級のレベルに入っており、古典的な獣医学のホメオパシーにおいてDr. の指導コースで認定されている。

www.AHVMA.org
American Holistic Veterinary Medical Associationのサイトである。これはDr. ブレイクが創立メンバーであり、この団体の唯一の目的は代替獣医療の多くのホリスティック療法を支持することである。この代替獣医療とは、ホメオパシーやカイロプラクティック、鍼灸、食事療法などを含んでいる。(これらに限定されているわけではないが) この団体はホリスティック獣医療を行う獣医師のリストを提供している。

http://homeopathic.org/
National Center of Homeopathyのサイトである。ホメオパシーや月刊誌、ホメオパシー実践者のリストなどの情報を得られる団体である。

http://www.animalchiropractic.org
American Veterinary Chiropractic Associationのサイトであり、獣医カイロプラクティックについてより学ぶことができ、カイロプラクティックの理念に基づいて経験を積んだ獣医師を知ることができる。

ホメオパシーの物品とバッチフラワー療法

http://www.thepetwhisperer.com/products/flowers/
Washington Homeopathic Pharmacy, Bach Flowersのサイトである。ホメオパシーの本や、治療薬、家でのキットなどを購入することができる。

http://www.homeopathic.com
ホメオパシーに関する全てが紹介されている。ホメオパシーに関する100以上もの無料の記事が閲覧可能な他、何百もの本やビデオテープ、薬、ソフトウェアや講座などのオンラインカタログも見ることができる。Homeopathic Educational ServicesのオーナーであるDana Ullman, MPHはホメオパシーに関する10冊の本の著者であり、この分野での優れた代弁者である。

http://thepetwhisperer.com/health-tips/gemmotherapy
動物の人のジェモセラピーに関するサイトである。体の解毒と治癒を助ける、この素晴らしい治療法について知ることができる。猫と犬、馬への基本的なジェモセラピーのキットが購入できる。単独での治療薬も入手可能である。

http://www.thepetwhisperer.com/products/petstore/
全て自然由来のペット用品サイトである。あなたが今までペットに欲しいと思ってきたすべてを入手でき、それらは全て安全なものである。

ペットの自然食

http://www.thepetwhisperer.com/products/raw-food/
BARFとはBiologically Appropriate Raw Food（生物学的に適切な生の食物）の頭文字を取った言葉である。BARFはまたBones and Raw Food（骨と生食）も表わしている。このサイトではBARFについてより学ぶことができ、生のフードにおけるDr. Billinghurstの功績についても知ることができる。

http://raw4dogs.com
手作りの生食の作り方とペットへの生食についてより多くを学ぶことができるよいサイトである。

Frint River Ranch Cat and Dog Food

この自然食についてより多くを知りたいならば、www.thepetwhisperer.comを見るとよい。またこのサイトでは健康的なペットフードの注文方法についても紹介されている。

Halo natural pet products

猫と鳥、犬の自然食とおやつについてのより詳しい情報と、注文方法はwww.halopets.comで知ることができる。

ペット関連書籍

ペットの自然療法事典 ペーパーバック版
著者：バーバラ・フュージェ
本体価格：3,800円
他に類を見ない珍しいペットの家庭医学書。犬や猫のいる家庭に1冊の必携バイブル！ ペットが直面する可能性の高いさまざまな病気の原因や診断、治療、予防策のほか、健康維持・病気治療に"自然療法"の選択肢を提示しています。

愛する犬猫のための ホメオパシー自然療法
著者：ガブリエレ・プファイファー　イラスト：ユリア・ドリネンベルク
監修者：森井 啓二
本体価格：3,200円
動物の症状をユーモラスなイラストで確実に伝え、典型的な行動と外見やさまざまな内臓器官への作用、基調などについてレメディーごとに詳しく説明しています。

健康維持・病気改善のための 愛犬の食事療法
著者：イホア・ジョン・バスコ　監修：森井 啓二
本体価格：2,800円
健康体の幼児犬から成人犬、皮膚病・アレルギーや癌、糖尿病や心臓消化器系内臓の機能低下、手作りサプリメントの作り方など、症状別に180以上のレシピを掲載してます。

実践 動物と人のためのホメオパシー
著者：森井 啓二
本体価格：3,600円
基本中の基本から、症状別のレメディの実践まで、ふんだんに盛り込み、臨床家だけでなく、ホメオパシーに興味がある一般の人でも、読みやすい本です。一番知りたかった「ホメオパシーとは何か？」について、丁寧に書かれています。

※ガイアブックス(http://www.gaiajapan.co.jp/)の発刊書です。

ワクチン接種情報

http://truthaboutvaccines.org
ワクチン接種の潜在的な危険性について情報を提供しているサイトである。

www.YourPurebredpuppy.com
もしワクチンを接種するならば、あなたの犬に本当に必要なものはどれなのかを知ることができる。ガイドラインは改正されたが、多くの獣医師はあなたにそれを伝えていない。ワクチンは実際の効果やあなたのペットに対する潜在的な危険性についての最新の情報を得ることができる。国内中にいる代替療法におけるDr. Blakeの仲間の多くが、このサイトの情報を引用している。

www.909shot.com
National Vaccine Information Centerのサイトであり、ワクチン神話を覆している。ワクチンの歴史に関する情報と、あなたや動物のためにもっと注意する必要があると警告しているサイトである。

www.vaclib.org
ワクチンを接種しないという個人の権利を確立しようとしているワクチン自由化のサイトである。

www.vaccinationnews.com
ワクチン接種の深刻な問題とそれを助けるためにあなたは何ができるのかに関する最新情報を提供している素晴らしいサイトである。

http://www.nccn.net/~wwithin/flu.htm
インフルエンザワクチンに関する真実についてのDr. Sherri Tenpennyのウェブサイトである。彼女はまた、人におけるワクチン接種の隠ぺい事項や危険性についてのリンクを紹介している。

サプリメント情報

http://www.animalessentials.com/
素晴らしい自然の動物用サプリメントを提供している。犬と猫のビタミンやミネラル、脂肪酸サプリメントを購入できる。

http://www.naturvet@naturvet.com
自然の動物用サプリメントを提供している。犬と猫の多くの自然サプリメントのリストがある。

http://www.Apawthecary.com/
動物に対する自然のハーブの調合を得られる素晴らしいサイトである。Apawthecaryはまた環境に配慮した会社でもある！

http://www.spsocal.com/
動物と人に対する腺療法のサプリメントに関する非常によい情報が得られる。標準的過程は、私が25年以上治療で行ってきた腺療法の流れである。

猫と犬の自然製品

http://thepetwhisperer.com/products/fleas
スギの香りのするノミやダニ、シラミの自然由来の治療薬はあなたやあなたのペット、環境に無毒であり、何よりもよく効く。これらの治療薬は虫卵と幼虫、成虫を殺す作用がある。

http://thepetwhisperer.com/products/efac
EFACはあなたのペットの歯肉と関節の健康維持を助ける素晴らしい自然製品である。

http://www.thepetwhisperer.com/products/jointformula/
Vetriscienceはあなたの動物の関節への栄養供給をするサプリメントを販売している優れた会社である。
http://thepetwhisperer.com/products/supplements
Greg Tilfordの動物用自然ハーブの調合に関する素晴らしい情報を提供している。

www.rainforesthealing.com
このサイトでは、私たちの最上の"薬局"であるアマゾンの熱帯雨林へ手を伸ばすことができる。優れたハーブの会社であり、熱帯雨林の管理者でもある。

http://thepetwhisperer.com/health-tips/are-micro-chips-safe-and-what-is-your-alternative
あなたのペットに対して自然の標識を行い、マイクロチップの危険を避ける。

http://thepetwhisperer.com/health-tips/cataracts
あなたのペットに対する白内障手術の安全な代替療法を紹介している。

動物と地球を助けるサイト

http://www.sarveywildlife.org/
ぜひこの素晴らしい野生動物保保護のウェブサイトを見て、あなたは私たちの友人である動物を救うためのどのような手助けをできるのかを考えてほしい。人と鷹についての話を読む時間を作ってほしい。あなたの目に喜びの涙が溢れる美しい話である。
http://www.sarveywildlife.org/Story.aspx?id=7

www.dolphins.org
Dolphin Reaserch Center（DRC）は非営利の教育と研究機関であり、大西洋バンドウイルカとカリフォルニアアシカのある家族の家でもある。ここに暮らす家族の半分以上はここで生まれたが、その他のものは別の機関やずいぶん前に保護活動などで集められたたちである。

www.elephants.com
私たちの支援と保護が必要なゾウの保護区である。買い物やゾウの支援を行うならば、https://www.elephants.com/estore/ を訪れるとよい。また、私たちの友人であるゾウの飼育費用に資する手助けをするために、eBayで買い物をすることもできる。

www.savearcticrefuge.org
このサイトはRobert Redfordによって作成された。私たちが野生動物や環境破壊を救うために何ができるのかについて考えるようになる非常によいサイトである。

www.bastis.org
自然に免疫系を構築することに関する動物と人の両方への助言を行う、非常に有益なサイトである。

www.LindaBlair.com
www.LindaBlairFanClub.com
動物を保護するLinda Blairの活動の是非加わってほしい。彼女は私たちの友人である動物のとってのよりよい世界を提供するための改革運動に心身を捧げている。

www.wylandfoundation.org
Wyland Foundationのサイトである。Dr. BlakeはWylandと彼の仕事を非常に称賛している。彼は海の世界がこの惑星に授けてくれた親友の一人である。彼の仕事を助けることは、この惑星に住む生物の全てを助けることになる。

www.savethewhales.org
人間の最も大きな友人の一つであるクジラを保護するための活動を促進するあらゆる助けを必要としている優れた団体である。

参考図書

Boone, J. Allen. Kinship with All Life. San Francisco, California : Harper, 1976.

Coulter, Harris. Vaccination, Social Violence, and Criminality. Berkeley, California : North Atlantic Books, 1990.

Day, Christopher. The Homeopathic Treatment of Small Animals. London : Wigmore Publications, 1984.

Essential Science Publishing. Essential Oils Desk Reference. Essential Science Publishing, 2001.

Frazier, Antra, with Norma Ecroate. The New Natural Cat : A Complete Guide for Finicky Owners. New York : Plume/Penguin Books, 1990.

Frost, April and Rondi Lightmark. Beyond Obedience : Training with Awareness for You and Your Dog. New York : Harmony Books, 1998.

Greaves, Marcus, MD. Gemmotherapy and Oligotherapy Regenerators of Dying Intoxicated Cells. Xlibris Corporation 2003.

Hamilton, Don, DVM Homeopathic Care for Cats and Dogs. Berkeley, California : North Atlantic Books.

Herscu, Paul, N.D. The Homeopathic Treatment of Children. Berkeley, California : North Atlantic Books, 1991.

Kaminski, Patricia, and Richard Katz. Flower Essence Repertory. Nevada City, California : Flower Essence Society, 1994. Book of flower essences including the English Bach Flower remedies as mentioned in my book.

Kaslof, Leslie J. The Traditional Flower Remedies of Dr. Edward Bach : A Self-Help Guide. (New Canaan, Conn. : Keats, 1988, 1993)

Levy, Juliette de Bairacli. Cats Naturally. London : Faber and Faber, 1991.

Levy, Juliette de Bairacli. The Complete Herbal Book for the Dog and Cat. London : Faber and Faber, 1991.

Pitcarin, Richard H. D.V.M., & Susan Hubble Pitcairn. Natural Health for Dogs and Cats. Emmaus, Pennsylvania : Rodale Press, 1995.

Richard, Dominique, HMD, ND. Concentrated Plant Stem Cells- Detoxification, Regulation, Rejuvenation & Nutrition, Professional Guide. Copyright 2006.

Ross-Williams, Lisa Down-To-Earth : Natural Horse Care. http://www.down-to-earthnhc.com 2010.

Rozencwajg, Joe, NMD. Dynamic Gemmotherapy. Integrative Embryonic Phytotherapy. Second Edition 2008. Natura Medica Ltd.

Ruiz, Don Miguel, & Ruiz, Don Jose. The Fifth Agreement : A Practical Guide to Self-Mastery. San Rafael, CA : Amber-Allen Publishing, 2009.

Schoen, Allen. Love, Miracles, and Animal Healing. New York : Simon and Schuster, 1996.

Schwartz, Cheryl. Four Paws, Five Directions. A Guide to Chinese Medicine for Cats and Dogs.

Berkeley, California : Celestial Arts. 1996. Great Guide to the use of Chinese Herbal and Acupressure.

Schwartz, Cheryl, DVM. Natural Healing for Dogs and Cats A-Z. Hay House, Inc. 2000.

Shadman, Alonzo J. M.D. Who is your Doctor and Why. New Canaan, Connecticut : Keats Publishing, Inc

Tilford, Mary L. Wulff-Tilford & Gregory L. All You Ever Wanted to Know About Herbs for Pets. Irvine, California : Bowtie Press, 1999.

著者：

スティーブン・R・ブレイク (Stephen R. Blake)

獣医学博士、動物鍼療法士、動物ホメオパス。米国カリフォルニア州在住。30年以上の動物代替医療の研究と実践を基に、ジェモセラピーによるペットの健康管理にいち早く注目、ジェモセラピーの普及に尽力している。

共著者：

パム・フェッツ (Pam Fettu)

米国ホメオパス有資格者。北米ホメオパシー協会会員。

日本語版監修者：

鷲巣 誠 (わしず まこと)

獣医師、PhD (U.C.Davis)。日本獣医小動物設立専門医。アニマルウエルネスセンター顧問。元岐阜大学教授。コスミックチェーン第一期生。

翻訳者：

長田 奈緒 (ながた なお)

2004年国際基督教大学卒業。2013年岐阜大学卒業、獣医師国家資格取得。

Gemmotherapy For Our Animal Friends
動物の健康回復のためのジェモセラピー

発　　　行　2019年6月1日
発 行 者　吉田 初音
発 行 所　株式会社 **ガイアブックス**
　　　　　〒107-0052 東京都港区赤坂1-1 細川ビル2F
　　　　　TEL.03 (3585) 2214　FAX.03 (3585) 1090
　　　　　http://www.gaiajapan.co.jp

Copyright for the Japanese edition GAIABOOKS INC. JAPAN2019
ISBN978-4-86654-017-7 C2077
Printed and bound in Japan

落丁本・乱丁本はお取替えいたします。本書のコピー、スキャン、デジタル化等の無断複製は著作権法上の例外を除き禁じられています。個人や家庭内での利用も一切認められていません。許諾を得ずに無断で複製した場合は、法的処置をとる場合もございます。

JCOPY <出版者著作権管理機構 委託出版物>

本書（誌）の無断複製は著作権法上での例外を除き禁じられています。複製される場合は、そのつど事前に、出版者著作権管理機構（電話03-3513-6969、FAX 03-3513-6979、e-mail: info@jcopy.or.jp）の許諾を得てください。